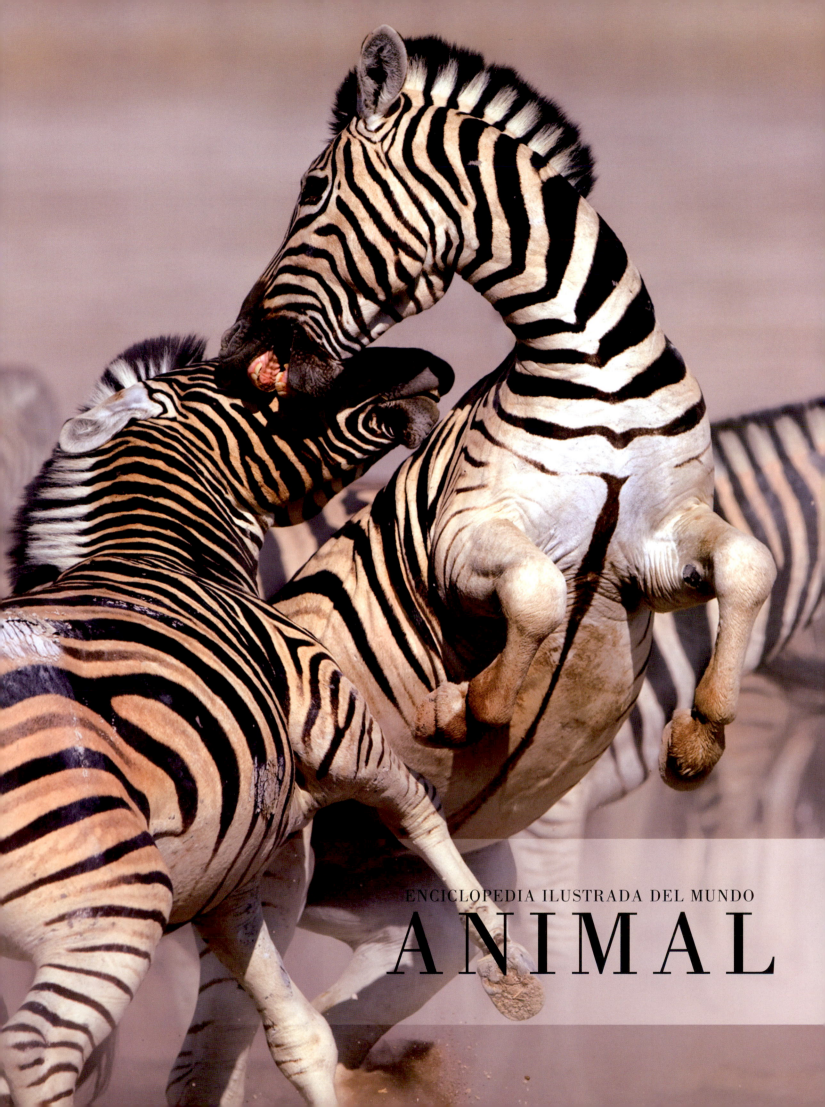

ENCICLOPEDIA ILUSTRADA DEL MUNDO
ANIMAL

ENCICLOPEDIA ILUSTRADA DEL MUNDO
ANIMAL

Nuria Penalva

LIBSA

A mis padres, que sembraron mi amor por la Naturaleza.
A mi familia y amigos con los que lo he compartido y compartiré,
y en especial a José Luis, compañero siempre.

© 2021, Editorial Libsa
C/ San Rafael, 4 bis, local 18
28108 Alcobendas (Madrid)
Tel.: (34) 91 657 25 80
e-mail: libsa@libsa.es
www.libsa.es

ISBN: 978-84-662-3804-5

Colaboración en textos: Nuria Penalva
Edición: equipo editorial Libsa
Diseño de cubierta: equipo de diseño Libsa
Maquetación: Julián Casas y equipo de maquetación Libsa
Fotografías e ilustraciones: Shutterstock Images y archivo Libsa

DL: M 35960-2017

CONTENIDO

INTRODUCCIÓN

El reino animal encierra en su vasto dominio auténticas maravillas que no deberíamos dejar de conocer. No pretendemos abarcar en este libro todo el mundo animal, pero sí realizar un acercamiento a este ofreciendo una guía visual de algunos de los representantes de sus principales grupos. Existen alrededor de 1.300.000 especies distintas de animales y, con toda certeza, sabemos que hay otras muchas que aún desconocemos, pero que poco a poco se irán descubriendo. Desafortunadamente, la intervención del hombre en los medios naturales está poniendo en serio peligro a muchas especies haciendo que desaparezcan animales e incluso que lo hagan algunos que nunca llegaremos a conocer.

Por eso es importante que el hombre tome conciencia de que él es parte del mundo natural y que los animales no son seres inferiores. Del estudio y observación de los animales seguimos sacando grandes beneficios; por ejemplo, la compleja estructura de un termitero se ha trasladado a la construcción de edificios inteligentes con un aprovechamiento óptimo de la energía, o la distribución y morfología de las escamas de la piel del tiburón han inspirado la creación de tejidos hidrodinámicos. Por esto y por todo lo que nos queda por aprender de ellos, los animales merecen nuestro respeto y admiración.

¿QUÉ ES UN ANIMAL?
Un animal es un ser vivo que no puede fabricar su propio alimento, necesita alimentarse de otros seres vivos para vivir, por lo tanto es heterótrofo; está formado por muchas células, por lo que es pluricelular; presenta un desarrollo embrionario que dará lugar a un cuerpo; tiene una organización celular, es decir, posee tejidos y simetría corporal: radial o bilateral. También pueden desplazarse, aunque algunas especies pasan casi toda su fase adulta de forma estática o sésil. La

mayoría se reproducen sexualmente, dando lugar a individuos con una carga genética distinta, aunque algunas especies de invertebrados lo hacen de forma asexual, es decir, dan origen a individuos idénticos. De los cinco reinos existentes (animal, plantas, hongos, protoctistas y monera), el primero engloba a los seres vivos más abundantes del planeta, los cuales poseen una diversidad extraordinaria. Ocupan todos los escalones de la pirámide ecológica o trófica: desde el más alto nivel donde se encuentran los grandes depredadores, hasta el último escalón y más bajo constituido por pequeños animales que se encargan del aprovechamiento de los restos y desechos de materia orgánica, cerrando así el ciclo de energía.

Hay animales en todos los ambientes terrestres. Han sabido adaptarse a todo tipo de hábitats y estilos de vida, con un desarrollo de conductas distintas en cada especie animal. Sin embargo, los animales no pueden expandirse libremente porque se han especializado en vivir bajo unas condiciones concretas y son muy sensibles a los cambios en su entorno. Aunque responder a esos cambios como han hecho durante miles o millones de años es el resultado de lo que hoy conocemos como producto de la evolución.

¿CÓMO USAR ESTE LIBRO?
Desde Linneo (1753) la taxonomía (la clasificación de las especies) ha sufrido multitud de modificaciones y más en la actualidad, debido a los nuevos descubrimientos de los registros fósiles y a la sistemática molecular que utiliza los análisis de ADN para definir y clasificar. Por eso los taxones (grupos de organismos emparentados) están sujetos a revisiones continuas.

Para dar mayor facilidad al lector a la hora de localizar y entender los distintos animales, se han realizado agrupaciones

que se corresponden con características globales o de estilos de vida en los que coinciden determinadas especies. Como se podrá comprobar, en algunos capítulos las agrupaciones son coincidentes con categorías taxonómicas (por ejemplo, carnívoros contiene animales del orden Carnivora, pero en cambio en aves de caza se incluyen especies de dos órdenes distintos). Ahora bien, en cada capítulo quedan claramente definidas las características de cada grupo y la clasificación taxonómica de la especie en concreto.

El libro se divide en los DOS GRANDES GRUPOS, VERTEBRADOS E INVERTEBRADOS, y se explican las categorías taxonómicas más específicas de los distintos animales que engloban estos grupos hasta el rango de orden (cuando procede). A las páginas siguientes a cada grupo de animales les sigue una serie de IMÁGENES DE LAS ESPECIES MÁS REPRESENTATIVAS para una mejor identificación, así como varios datos para clasificarlos. También se ha seleccionado una docena de ESPECIES QUE SE DESARROLLAN CON MÁS DETALLE. Para el final del libro se han dejado los animales domesticados que, aunque vertebrados, hemos preferido darles su espacio propio. Como esquema del Reino Animal se referencia el cuadro de la página siguiente.

ESTADO DE CONSERVACIÓN
Estas son las abreviaturas utilizadas para el estado de conservación que aparecen junto al nombre común en las fichas de los animales silueteados y agrupadas por categorías:

Pm	Preocupación menor
A	Amenazado
Vu	Vulnerable
Ep	En peligro
Cr	Peligro crítico
Ex	Extinto
Nr	No registrado

REINO ANIMAL

VERTEBRADOS

FILO: Chordata
  SUBFILO: Vertebrata

GRUPO DE MAMÍFEROS
  CLASE: Mammalia (mamíferos)
    ORDEN:
  MAMÍFEROS CARNÍVOROS Carnivora (leones, hienas, nutrias, osos, focas)
  MAMÍFEROS ACUÁTICOS Cetacea (ballenas, delfines)
      Sirenia (manatíes, vacas marinas)
  MAMÍFEROS PRIMATES Primates (lémures, chimpancés, babuinos, gorilas)
  GRANDES MAMÍFEROS
  TERRESTRES Y UNGULADOS Proboscidea (elefantes)
      Perissodactyla (caballos, rinocerontes)
      Arctiodactyla (cerdos, ciervos)
  ROEDORES Y LAGOMORFOS Rodenthia (ratones, capibaras)
      Lagomorpha (conejos, liebres)
  INSECTÍVOROS Y MURCIÉLAGOS Macroscelidea (musaraña elefante)
      Erinaceomorpha (erizos)
      Soricomorpha (musarañas y topos)
      Afrosoricida (tenrecs)
      Scandentia (tupayas o musarañas arborícolas)
      Chiroptera (murciélagos)
  MAMÍFEROS SINGULARES Tubulidentata (cerdo hormiguero)
      Pilosa (oso hormiguero, perezoso)
      Cingulata (armadillo)
      Pholidota (pangolines)
      Notoryctemorphia (topos marsupiales)
      Didelphimorphia (zarigüeyas)
      Microbiotheria (monito del monte)
      Dasyuromorphia (carnívoros marsupiales)
      Peramelemorphia (bandicuts)
      Diprodontia (canguros, wombats, ualabíes)
      Paucituberculata (ratón musaraña)
      Monotremata (equidna, ornitorrinco)
    SUPERFAMILIA:
  CARNÍVOROS ACUÁTICOS Pinnipedia (focas, leones marinos, morsas)

GRUPO DE AVES
  CLASE: Aves (aves)
    ORDEN:
  AVES RAPACES Accipitriformes (águilas, buitres)
      Strigiformes (lechuzas, búhos)
      Falconiformes (halcones)
  AVES ACUÁTICAS Y COSTERAS Anseriformes (patos, cisnes)
      Charadriiformes (gaviotas, alcas)
      Suliformes (alcatraces, cormoranes, fragatas)
      Procellariiformes (albatros)
      Sphenisciformes (pingüinos)
      Gaviiformes (colimbos)
  AVES DE CAZA Galliformes (faisanes, gallinas, perdices)
      Columbiformes (palomas)
  LOROS Psittaciformes (loros, periquitos)
  AVES ZANCUDAS Phoenicopteriformes (flamencos)
      Ciconiiformes (cigüeñas)
      Pelecaniformes (pelícanos, garzas, ibis, espátulas)
      Gruiformes (grullas, fochas)
  PASERINOS Passeriformes (canarios, mirlos, gorriones…)
  AVES SINGULARES Struthioniformes (avestruz, kiwi, emú, casuario)
      Apodiformes (colibríes, vencejos)
      Coraciiformes (martín pescador, cálao)
      Piciformes (pájaros carpinteros, tucanes)

GRUPO DE REPTILES
  CLASE: Reptilia (reptiles)
    ORDEN:
  TORTUGAS Testudines (tortugas)
  LAGARTOS Y SERPIENTES Squamata:
      SUBORDEN:
        Lacertilia (lagartos)
        Serpentes (serpientes)
  COCODRILOS Crocodilia (cocodrilos, caimanes, gaviales)

GRUPO DE ANFIBIOS
  CLASE: Amphibia (anfibios)
    ORDEN: Caudata (tritones y salamandras)
      Anura (ranas y sapos)

GRUPO DE PECES
  PECES CARTILAGINOSOS O CONDRICTIOS
  CLASE: Chondrychthyes (peces cartilaginosos)
    SUBCLASE: Elasmobranchii (rayas, mantas, peces sierra, tiburones)
  PECES ÓSEOS
  CLASE: Actinopterygii (peces óseos con aletas con radios: esturiones y bichires, amias y pejes percas, bacalao, arenques, salmones, lábridos, gobios, etc.)
      Sarcopterygii (peces óseos con aletas lobuladas: celacantos, dipnoi pez pulmonado)

INVERTEBRADOS

ESPONJAS, CNIDARIOS Y GUSANOS
FILO: Porifera (esponjas)
      Cnidaria (corales, medusas)
      Platyhelminthes (gusanos planos)
      Nematoda (gusanos redondos)
      Annelida (gusanos segmentados, lombrices de tierra)

MOLUSCOS
FILO: Mollusca (caracoles, pulpos, almejas)
    CLASE:
      Bivalvia (almejas, ostras, mejillones, navajas)
      Cephalopoda (calamares, sepias, pulpos)
      Gastropoda (caracoles y babosas terrestres y marinas, lapas)

EQUINODERMOS
FILO: Echinodermata (erizo, estrellas de mar)
    SUBFILO: Pelmatozoa (equinodermos inmóviles)
      CLASE: Crinoidea (lirios de mar)
    SUBFILO: Eleutherozoa (equinodermos móviles)
      CLASE:
      Asteroidea (estrellas de mar)
      Concentricycloidea (margaritas de mar)
      Echinoidea, (erizos de mar)
      Holothuroidea (pepinos de mar)
      Ophiuroidea (ofiura)

ARTRÓPODOS
FILO: Arthropoda (insectos, arácnidos, crustáceos)
  INSECTOS
  SUBFILO: Hexapoda
    CLASE: Insecta
      ORDEN:
      Coleoptera (escarabajos)
      Diptera (moscas)
      Hymenoptera (abejas, hormigas)
      Lepidoptera (mariposas y polillas)
      Orthoptera (langostas y saltamontes)
      Phasmatodea (insectos palo)
      Mantodea (mantis)
      Hemiptera (chinches)
      Raphidioptera (mosca serpiente)
      Megaloptera (sialidos)
      Neuroptera (hormigas león)
      Ephemeroptera (efímeras)
      Odonata (libélulas)
      Mecoptera (moscas escorpión)
      Plecoptera (moscas de la piedra)
      Blattodea (cucarachas)
      Dermaptera (tijeretas)
      Phthiraptera (piojos)
      Isoptera (termitas)
      Siphonaptera (pulgas)
      Thysanura (pececillos de plata)
  CRUSTÁCEOS
  SUBFILO Crustacea
    CLASE:
      Maxillopoda (copépodos, percebes)
      Malacostraca (langostas, cochinillas, galeras, cangrejos, centollas, cangrejos de río)
  ARÁCNIDOS
  SUBFILO: Chelicerata
    CLASE: Arachnida
      ORDEN:
      Acarina (ácaros, garrapatas)
      Amblypygi (tendarapos, amblipígidos)
      Araneae (arañas)
      Opiliones (opiliones o segadores)
      Palpigradi (palpígrados)
      Pseudoscorpionida (pseudoescorpion)
      Ricinulei (ricinúlidos)
      Schizomida (esquizómidos)
      Scorpiones (escorpiones, alacranes)
      Solifugae (solífugos, arañas camello)
      Uropygi (vinagrillas)

VERTEBRADOS

S ON LOS ANIMALES QUE NOS RESULTAN MÁS FAMILIARES PORQUE CONVIVIMOS CON ELLOS, NOS ALIMENTAMOS DE ELLOS Y TIENEN UN TAMAÑO QUE PERMITE ADVERTIR SU PRESENCIA EN EL ENTORNO DONDE SE MUEVEN. SIN EMBARGO, NO SON EL GRUPO MÁS ABUNDANTE DE ANIMALES (UNAS 60.000 ESPECIES), SUPERADO CON CRECES POR EL DE LOS INVERTEBRADOS (MÁS DE UN MILLÓN). ASÍ COMO INVERTEBRADOS NO ES UNA CATEGORÍA TAXONÓMICA, VERTEBRATA ES UN SUBFILO DEL FILO CHORDATA. SE CREE QUE EL ANCESTRO COMÚN DE LOS PRIMEROS VERTEBRADOS ERA UNA CORDADO (PIKAIA) QUE VIVÍA EN EL AGUA HACE 500 MILLONES DE AÑOS Y PRESENTABA LO QUE SERÍA EL ÓRGANO PRECURSOR DE LA COLUMNA VERTEBRAL, EL NOTOCORDIO. A LO LARGO DE MILLONES DE AÑOS DE EVOLUCIÓN Y DE AMBIENTES CAMBIANTES EN EL PLANETA, ESTE SUBFILO, AL QUE PERTENECE TAMBIÉN EL HOMBRE, ENGLOBA EN LA ACTUALIDAD ESPECIES MUY DIVERSAS QUE HAN SABIDO COLONIZAR Y ADAPTARSE A TODO TIPO DE ENTORNOS.

CARACTERÍSTICAS

- ESQUELETO INTERNO. Poseen un endoesqueleto, es decir, un esqueleto interno óseo y cartilaginoso que tiene dos partes: una axial formada por la columna y el cráneo que protege el cerebro, y otra apendicular que se corresponde con los huesos que dan lugar a las extremidades. Presentan músculos estriados que se fijan a los huesos por medio de los tendones.

- SISTEMA CIRCULATORIO CERRADO. Se transporta el oxígeno a todas las partes del cuerpo mediante la sangre, cuyos glóbulos rojos llevan el gas gracias a la hemoglobina. Poseen una bomba propulsora de la sangre, el corazón, que está dividido en cámaras.

- RESPIRACIÓN PULMONAR Y BRANQUIAL. Las especies terrestres realizan una respiración pulmonar y las de vida totalmente acuática, branquial. En los anfibios se dan los dos tipos dependiendo de su ciclo vital: en el estado larvario respiran por branquias y de adultos desarrollan pulmones.

- SISTEMA DIGESTIVO COMPLETO. El aparato digestivo está formado por un tubo que en su parte anterior se abre en la boca, que en la mayoría de las especies está provista de dientes. En el aparato digestivo se diferencian esófago, estómago e intestino, y finalmente se abre a la parte posterior por el ano. En el caso de los mamíferos rumiantes, el estómago tiene cuatro cavidades.

- SISTEMA EXCRETOR. Formado principalmente por los riñones y las glándulas sudoríparas, las cuales sólo están presentes en los mamíferos.

- REPRODUCCIÓN SEXUAL. Hay separación de órganos sexuales (aunque en algunos peces hay hermafroditismo), pero los vertebrados realizan una reproducción sexual con fecundación interna o externa. Pueden ser ovíparos, ovovivíparos o vivíparos.

- VARIABILIDAD DE EXTREMIDADES. Podemos encontrar desde especies ápodas (sin extremidades o con unos vestigios, como las serpientes), a tetrápodos (cuatro extremidades, como la mayoría de los mamíferos), pasando por las aves con sus patas y alas, los mamíferos acuáticos con sus dedos transformados en aletas, o los peces con otro tipo de aletas muy distintas.

- MORFOLOGÍAS DIVERSAS. El vertebrado más grande es la ballena azul (*Balaenoptera musculus*) con 27 m de longitud y 150 toneladas de peso. En el otro extremo se encuentra un pez llamado *Paedocypris progenetica* que sólo mide 7,9 mm de longitud. Son especies que nada tienen que ver con otro vertebrado como el murciélago, cuyas extremidades se han transformado en alas para volar.

GRUPOS DE VERTEBRADOS

El subfilo Vertebrata engloba nueve clases, aunque los últimos métodos de clasificación que se basan en las relaciones evolutivas y en los datos moleculares presentan otra serie de grupos, como, por ejemplo, el que recoge a las aves como un orden más junto al de los otros reptiles. Pero en este libro seguiremos la clasificación tradicional porque las cuatro primeras clases se engloban en el grupo de los peces.

Las formas de los vertebrados son muy diversas como podemos apreciar en sus extremidades: las manos de un mono o las garras de un águila. A la izquierda, dos leonas descansando.

FILO CHORDATA

Subfilo : Vertebrata
CLASES:
Myxini (mixinos)
Cephalaspidimorphi (lampreas)
Chondrychthyes (peces cartilaginosos)
Actinopterygii (peces óseos con aletas con radios)
Sarcopterygii (peces óseos con aletas lobuladas)
Amphibia (anfibios)
Reptilia (reptiles)
Aves (aves)
Mammalia (mamíferos)

MAMÍFEROS

Es el grupo más conocido del reino animal, y su característica común es la presencia de glándulas mamarias con las que alimentan a sus crías. Esta clase alberga los animales vivos más grandes que existen sobre la faz de la Tierra, aunque también tiene entre sus representantes minúsculos seres que no llegan a pesar los 2 g, como el 1,2 g de la musarañita (*Suncus etruscus*).

La clase Mammalia recoge a un grupo de vertebrados poco numeroso (alrededor de 5.000 especies) si lo comparamos con otros taxones, pero de especies muy distintas. Todos los mamíferos poseen glándulas mamarias que segregan leche, un alimento altamente energético y nutritivo con el que las hembras sacan adelante a sus crías. Otras características que comparten los mamíferos son:

- PRESENCIA DE GLÁNDULAS MAMARIAS, SUDORÍPARAS Y SEBÁCEAS. Las primeras segregan leche para alimentar a la prole; las segundas, una sustancia acuosa que permite refrescar la piel, y las terceras, sebo para lubricar el pelo.
- PRESENCIA DE PELO. Entre los vertebrados sólo los mamíferos tienen pelo que recubre el cuerpo en mayor o menor medida. Los cetáceos y sirénidos lo han perdido debido a su adaptación al medio acuático.
- ENDOTERMIA O CAPACIDAD PARA CONSERVAR EL CALOR CORPORAL. Todos los mamíferos son animales comúnmente llamados «de sangre caliente», es decir, mantienen una temperatura corporal interna al margen de las condiciones ambientales externas.
- ESPECIALIZACIÓN DENTAL. En los mamíferos la mandíbula está directamente articulada al resto del cráneo y en ella se insertan tres tipos de dientes: incisivos (para morder), caninos (para desgarrar) y maxilares (molares y premolares para triturar).
- REPRODUCCIÓN VIVÍPARA Y FECUNDACIÓN INTERNA. Los mamíferos paren a sus crías vivas (vivíparos) con la excepción de las especies pertenecientes a la clase de los monotremas (ornitorrincos, equidnas) que son ovíparos.
- RESPIRACIÓN PULMONAR. Los mamíferos poseen glóbulos rojos y realizan el intercambio de gases en los pulmones, que son cámaras de aire rodeadas de capilares.

ÉXITO EN TODOS LOS AMBIENTES

Algo verdaderamente significativo de los mamíferos es su gran adaptación a los cambios climáticos, lo que ha hecho de esta clase un grupo capaz de conquistar ambientes imposibles para la supervivencia de otras muchas especies, como las de sangre fría. Por eso hay mamíferos en todos los continentes (mamíferos terrestres) y en todos los mares (mamíferos acuáticos). La clave de este éxito reside principalmente en la endotermia. Al poder regular de forma independiente la temperatura interna del cuerpo, estos animales son capaces de vivir tanto en ambientes muy fríos como muy calurosos. Para ello disponen de varias estrategias:

- El alimento que proporciona la energía para alcanzar la temperatura adecuada, además de transformarse en una capa grasa que aísla del frío.
- El pelo que protege la piel y evita la pérdida de calor. Las glándulas sebáceas del pelo impiden que la piel entre en contacto con el agua y se enfríe demasiado.
- La evaporación mediante el jadeo y la sudoración, los cuales intervienen sobre todo para refrescar el cuerpo cuando la

DIVISIÓN

Filo:	Chordata
Clase:	Mammalia
Orden:	30
Familia:	147
Especies:	4.500-5.000

temperatura interna corre el riesgo de ser elevada. Con el jadeo y el resuello los animales pierden calor a través de la lengua. Las glándulas sudoríparas que se encuentran en la dermis liberan el sudor a la superficie de la piel; dicho sudor se evapora dispersando con él el calor y bajando la temperatura corporal.

- La hibernación, que es una estrategia adoptada por algunas especies, como murciélagos, musarañas y otros pequeños mamíferos, para poder superar los meses más fríos. Durante la hibernación la temperatura corporal desciende, los latidos disminuyen y el metabolismo se ralentiza al mínimo sumiendo al animal en un letargo durante el cual sobrevivirá gracias a las reservas de grasa acumuladas.

REPRODUCCIÓN

Como hemos visto antes, los mamíferos realizan una fecundación interna que asegura la supervivencia de las células reproductoras y con ello el éxito de la fertilización. Pero hay diferencias en lo que se refiere a la gestación y el parto que hace que los mamíferos se dividan en tres grupos: monotremas, marsupiales y placentarios. Los monotremas corresponden a un único orden perteneciente a la subclase Prototheria (ovíparos). Estos animales (ornitorrincos y equidnas) poseen cloacas, no tienen órganos reproductores externos, ponen huevos y las crías se alimentan primero de la yema. Más adelante, cuando salen del cascarón, absorben la leche segregada por las glándulas mamarias que

se escurre por el pelo porque carecen de pezones.

Los marsupiales y placentarios se engloban en la subclase Theria (vivíparos), subdividida en la infraclase Metatheria, a la que pertenece el orden de los marsupiales, y la infraclase Eutheria, que recoge el resto de los órdenes de mamíferos, los conocidos como placentarios. Por su parte, los marsupiales son vivíparos, pero paren a un embrión aún por desarrollar. Este recurre al pezón y la protección de una bolsa, el marsupio, donde se alimentará de la leche de su madre durante meses. Por su parte, los placentarios, también vivíparos, dan a luz a crías desarrolladas que han sido alimentadas en el interior de la madre a través de la placenta. Tras el periodo de gestación, la hembra pare a una o varias crías a las que amamantará hasta que sean independientes.

ADAPTABILIDAD MORFOLÓGICA

La diversidad morfológica de los mamíferos resulta abrumadora y ha sido lograda por la adaptación evolutiva de las especies a los distintos ambientes. La mayoría posee dos pares de extremidades, las patas, adaptadas para andar, correr, saltar, trepar y cavar en el medio terrestre. Pero encontramos también ballenas, delfines y otros animales acuáticos como focas y manatíes que han transformado sus extremidades (las patas) en aletas, y su cuerpo ha adquirido la forma de huso para adaptarse de manera óptima a la dinámica del agua.

Por otro lado, los murciélagos optaron por conquistar un nicho aparentemente exclusivo de las aves: unieron sus extremidades mediante membranas que los ha convertido en los únicos mamíferos voladores.

Los placentarios como el elefante dan a luz crías totalmente formadas tras un periodo de gestación más o menos largo. La gestación del elefante es la más larga pues alcanza los 22 meses.

GRUPOS DE MAMÍFEROS

Los hallazgos fósiles y el análisis de ADN hacen que la clasificación animal esté en constante cambio, por lo que los números de órdenes aquí dispuestos pueden variar según distintas bibliografías. A continuación se enumeran los 30 órdenes más actuales:

ÓRDENES

Carnivora (leones, hienas, nutrias)
Pinnipedia[1] (focas, leones marinos)
Cetacea (ballenas, delfines)
Sirenia (manatíes, vacas marinas)
Primates (lémures, chimpancés, babuinos)
Dermoptera (lémures voladores)
Proboscidea (elefantes)
Hyracoidea (damanes)
Tubulidentata (cerdo hormiguero)
Perissodactyla (caballos, rinocerontes)
Arctiodactyla (cerdos, ciervos)
Rodenthia (ratones, capibaras)
Lagomorpha (conejos, liebres)
Macroscelidea (musaraña elefante)
Insectivora[2]:
   Erinaceomorpha (erizos)
   Soricomorpha (musarañas y topos)
   Afrosoricida (tenrecs)
   Macroscelidea (musarañas elefante)
   Scandentia (tupayas o musarañas arborícolas)
Chiroptera (murciélagos)
Pilosa (perezoso, oso hormiguero)
Cingulata (armadillo)
Pholidota (pangolines)
Marsupialia[3]:
   Notoryctemorphia (topos marsupiales)
   Didelphimorphia (zarigüeyas)
   Microbiotheria (monito del monte)
   Dasyuromorphia (carnívoros marsupiales)
   Peramelemorphia (bandicuts)
   Diprodontia (canguros, wombats, ualabíes)
   Paucituberculata (ratón musaraña)
Monotremata (equidna, ornitorrinco)

OTRAS CARACTERÍSTICAS

Los mamíferos tienen la capacidad de mantener una temperatura interna constante independientemente de las condiciones externas. Además, la mayoría están cubiertos de pelo que les protege y aísla tanto del frío como del calor.

Los mamíferos se caracterizan por poseer una gran adaptabilidad a todos los ambientes de la Tierra.

La característica distintiva de los mamíferos respecto de otros animales es la presencia de glándulas mamarias que segregan leche con la que alimentan a sus crías.

---

[1] Pinnipedia: antes un orden independiente, se considera una superfamilia de los carnívoros.

[2] Insectivora: era antaño un único orden que en la actualidad se ha desglosado en cinco órdenes. Lo mismo pasa con el antiguo orden Marsupialia.

[3] Marsupialia, que en su caso se ha convertido en siete.

CARNÍVOROS

LOS ANIMALES MÁS FIEROS Y TEMIDOS PERTENECEN A ESTE ORDEN. LOS CARNÍVOROS SON PREDADORES NATOS QUE SE ALIMENTAN PRINCIPALMENTE DE LA CARNE DE OTRAS ESPECIES Y CONSTITUYEN EL GRUPO ANIMAL MÁS DIVERSO EN CUANTO A FORMAS Y GÉNERO DE VIDA.

DIVISIÓN	
Filo:	Chordata
Clase:	Mammalia
Orden:	Carnivora
Familia:	15
Especies:	263

Guepardo (*Acinonyx jabatus*).

Los carnívoros se hallan dispersos por todas partes: tierra, agua, árboles, montañas y llanuras. Pueden vivir en comunidades o ser solitarios, pero todos precisan cazar para alimentarse, pues la carne es su principal fuente energética. Una salvedad es el panda gigante, que en la actualidad se alimenta exclusivamente de bambú.

En cuanto a tamaños, el orden Carnivora posee una variedad enorme que pasa por todos los estados intermedios que hay entre el poderoso oso polar (*Ursus maritimus*), que puede llegar a pesar una tonelada y medir 2,50 m, y la menuda comadreja común (*Mustela nivalis*), de tan sólo 30 g de peso y 26 cm de largo. Y entre ellos resulta paradójico que pertenezcan al mismo grupo animales con estructuras físicas tan diferentes como el tosco y pesado oso pardo (*Ursus arctos*), el grácil guepardo (*Acinonyx jubatus*), la maciza y robusta hiena (*Crocuta crocuta*) o el vivaz y escurridizo hurón (*Mustela nigripes*). Pero todos son ávidos cazadores y, como tales, presentan rasgos característicos de su orden.

ADAPTADOS PARA LA CAZA

Para poder cazar, las extremidades son proporcionadas entre sí y adaptadas a la corpulencia del cuerpo, que suele ser ágil y robusto. La clavícula es un hueso muy poco desarrollado, comparado con la de los primates, ya que los carnívoros precisan lanzarse a la carrera en pos de su presa. Presentan garras con uñas que pueden ser afiladas o romas, retráctiles en el caso de algunos vivérridos y de los felinos (salvo en los guepardos).

La dentadura es variable según las familias, pero es característico de los carnívoros poseer unos caninos muy desarrollados y agudos (como colmillos) y unos molares con perfiles cortantes, las muelas carniceras, pues deben desgarrar y cortar la carne de sus trofeos.

Pero un cazador también necesita tener unos sentidos muy desarrollados, como es el caso del oído, vista y olfato, para localizar su presa. A los carnívoros el olfato también les sirve para comunicarse entre individuos de la misma especie. La mayor parte de los carnívoros posee varias glándulas odoríferas en la piel con las que marca el territorio, encuentra pareja sexual y transmite su estatus e identidad a quien huela su marca de olor.

COMPORTAMIENTO

Los carnívoros pueden tener una vida solitaria, a excepción de la época de apareamiento en la que se emparejan, o gregaria, durante la que se organizan en pequeñas comunidades. Estas son más o menos complejas, como las de los leones, lobos o suricatas en las que se agrupan varias familias encabezadas por machos dominantes en unas (como las comunidades de leones), por hembras en otras (como sucede con hienas) o por parejas dominantes (en el caso de los lobos). Todos los miembros de la familia o clan cooperan para dar caza a la presa y

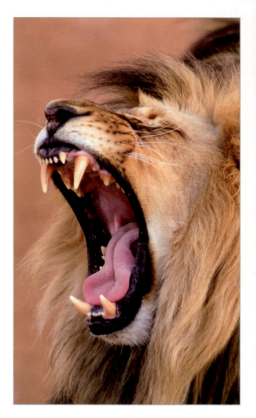

Aunque la dentadura de los carnívoros varía de una especie a otra, sí es característico de este orden que tengan unos caninos muy desarrollados.

Aunque las hienas son carroñeras que arrebatan las presas que cazan leones o guepardos, también se lanzan a cobrar presas vivas. Sus mandíbulas son las más potentes de los carnívoros y pueden partir huesos sin problema.

Leopardo (*Panthera pardus*).

Leopardo (*Panthera pardus*).

Oso grizzly pescando.

suelen compartir los deberes paternales, como hacen las hienas que amamantan a las crías aunque no sean propias.

GRUPOS DE CARNÍVOROS

En la clasificación más reciente el orden carnívoros comprende principalmente 15 familias. También se incluye la superfamilia Pinnipedia que engloba a las familias de focas, morsas y lobos marinos y que nosotros hemos decidido tratarlos en un capítulo aparte como carnívoros acuáticos.

GRUPOS (de carnívoros)

SUBORDEN: **Feliformia**
FAMILIAS:
Felidae (felinos)
Viverridae (civetas)
Eupleridae (fossa)
Nandiniidae (civeta africana)
Herpestidae (mangostas)
Hyaenidae (hienas)

SUBORDEN: **Caniformia**
FAMILIAS:
Canidae (lobos, chacales)
Ursidae (osos)
Otariidae (leones marinos)
Odobenidae (morsa)
Phocidae (foca)
Mustelidae (comadrejas)
Mephitidae (mofetas)
Procyonidae (mapache)
Ailuridae (panda rojo)

FELINOS

Los félidos (Felidae) son una familia de mamíferos placentarios del orden Carnivora. Poseen un cuerpo esbelto, oído agudo y excelente vista. Son los mamíferos cazadores más sigilosos. La mayoría consume exclusivamente carne e ignora cualquier otra comida que no sea una presa viva. La capturan con sus afiladas garras y suelen matarla de un único y tenaz mordisco. A excepción de los guepardos, todos los félidos pueden retraer sus garras dentro de una vaina protectora mientras no las usan. Hay alrededor de 40 especies en esta familia; muchas escasean en la actualidad porque han sido objeto de caza por su piel, para aprovechar partes de su cuerpo, o porque su hábitat está siendo destruido, como pasa con el lince ibérico (*Lynx pardinus*), el félido en mayor peligro de extinción. Excepto en Antártida, Oceanía y algunas islas, se encuentran en todo el mundo.

TIGRE MALAYO Ep
Panthera tigris jacksoni
Familia Felidae
Distribución: Malasia

TIGRE DE BENGALA Ep
Panthera tigris tigris
Familia Felidae
DISTRIBUCIÓN: Bengala (India), Asia

GUEPARDO Vu
Acinonyx jubatus
Familia Felidae
DISTRIBUCIÓN: África, Sudeste Asiático

GATO SELVÁTICO Pm
Felis chaus furax
Familia Felidae
DISTRIBUCIÓN: Egipto, Sri Lanka

CARACAL Pm
Caracal caracal
Familia Felidae
DISTRIBUCIÓN: África, Europa, Norte de Asia (menos China), Sudeste Asiático

JAGUAR NEGRO A
Panthera onca
Familia Felidae
DISTRIBUCIÓN: desde Nuevo México (Estados Unidos) hasta la Patagonia

LEOPARDO NEGRO Cr
Panthera pardus
Familia Felidae
DISTRIBUCIÓN: África, Asia

GATO DE LAS ARENAS DEL DESIERTO A
Felis margarita
Familia Felidae
DISTRIBUCIÓN: Mauritania, Pakistán

LINCE BOREAL Pm
Lynx lynx
Familia Felidae
DISTRIBUCIÓN: zonas cercanas a
Siberia, tanto en Europa como en Asia

LEOPARDO Cr
Panthera pardus
Familia Felidae
DISTRIBUCIÓN:
África, Arabia y sur
de Asia

TIGRILLO Vu
Leopardus tigrinus
Familia Felidae
DISTRIBUCIÓN: desde Costa Rica
hasta el norte de Argentina

TIGRE DE SUMATRA Cr
Panthera tigris sumatrae
Familia Felidae
DISTRIBUCIÓN: Indonesia

TIGRE SIBERIANO Ep
Panthera tigris altaica
Familia Felidae
DISTRIBUCIÓN: este de Rusia,
China, Corea del Norte

LEÓN Vu
Panthera leo
Familia Felidae
DISTRIBUCIÓN: el África
subsahariana, sudoeste
de Asia (India)

PUMA Ep
Felis concolor
Familia Felidae
DISTRIBUCIÓN: desde
Canadá hasta la Patagonia

TIGRE

Panthera tigris
Orden: Carnivora
Familia: Felidae

Es el felino de mayor tamaño y también el de más belleza y ferocidad. Se conocen ocho subespecies: tigre de Bengala (*P. t. tigris*), tigre de Indochina (*P. t. cobertti*), tigre de Siberia (*P. t. altaica*), tigre chino (*P. t. amoyensis*), tigre de Sumatra (*P. t. sumatrae*), tigre de Java (*P. t. sondaica*), tigre del Caspio (*P. t. virgata*) y tigre de Bali (*P. t. balica*). Las tres últimas fueron extintas en el siglo XX. De las restantes sólo el tigre de Bengala tiene una población superior a los mil ejemplares, cifra que en absoluto es suficiente para sacar al tigre de las listas de especies en peligro de extinción.

TAMAÑO: el macho: entre 180-300 kg y 220-330 cm de longitud, incluyendo la cola. La hembra: 100-160 kg y 240-265 cm de longitud.

VARIEDAD
El tigre es el felino de mayor tamaño. El tigre siberiano supera al león en peso y longitud.

MANDÍBULA
Es poderosa y en ella destacan unos caninos de gran tamaño.

GARRAS
Como la mayoría de los felinos, el tigre esconde en sus enormes zarpas unas afiladísimas uñas retráctiles.

HÁBITAT Y ALIMENTACIÓN

El tigre tiene las costumbres y los hábitos típicos de los félidos. Sus movimientos son elegantes y al mismo tiempo rapidísimos y ágiles. Es un buen nadador y en el transcurso de sus cacerías puede recorrer sin pausa distancias equivalentes a varias horas de camino. Vive en solitario en los bosques caducifolios templados de la Rusia Oriental, en las junglas del Sudeste Asiático y en las llanuras y cañaverales de Asia central. Se alimenta de grandes ungulados, como ciervos, cerdos salvajes y ganado salvaje, a los que da caza principalmente de noche. También entran en su menú monos, reptiles y algunos peces. En ocasiones la presa es más grande que él, por lo que están dotados de extremidades anteriores cortas y muy musculosas con uñas retráctiles, con las que atrapan y sujetan a la presa. Con su potente mandíbula muerden el cuello de su víctima y lo rompen.

EL PELAJE

El pelaje de color anaranjado a rayas oscuras es muy característico de estos felinos. Pero lejos de ser llamativo, le proporciona un excelente camuflaje en la frondosidad de la selva, donde el sol al filtrarse origina fuertes contrastes de luz y sombra que hacen pasar inadvertido al tigre que se desliza entre las altas hierbas. Los tigres de las regiones septentrionales tienen un pelaje más largo y espeso, al menos durante las estaciones más frías, que sus hermanos de las llanuras cálidas. La coloración típica también varía sensiblemente según la latitud y el clima, y no hay dos ejemplares que tengan las mismas rayas.

COMPORTAMIENTO SOCIAL

Los tigres son solitarios y territoriales, y defienden su terreno de las incursiones de otros individuos de su mismo sexo. En su fase de celo las hembras dejan oír su voz con mayor frecuencia para pregonar su condición. El macho se apareará con la hembra cuyo territorio sea capaz de defender. El apareamiento dura entre dos y cuatro días; tras una gestación de 100

días, la hembra dará a luz a dos o tres cachorros. Cuando estos tienen alrededor de cuatro meses, los inicia en el arte de la caza, pero no participarán activamente en ella hasta los seis u ocho meses. Al año y medio se independizan de su madre.

LA TONALIDAD varía según las subespecies.

EL PELAJE naranja con rayas negras le permite confundirse entre la vegetación de hierbas altas y en los claroscuros del interior de los bosques. Sus franjas negras son como huellas dactilares, es decir, únicas en cada individuo. No hay dos ejemplares que tengan las mismas rayas.

MANDÍBULA

El tigre tiene una mordida poderosa con unos caninos muy desarrollados con los que agarra y desgarra a sus presas.

CACHORROS

Durante el primer año de vida el cachorro dependerá de su madre, y a los dos años ya habrá aprendido a cazar por sí mismo.

OJOS

Si el tigre blanco fuera albino, sus ojos serían de color rojo, pero al considerarse una mutación genética los tiene de color azul.

CÁNIDOS Y HIENAS

La familia de los cánidos no tiene la fuerza ni la agilidad de los felinos, pero todos ellos están adaptados a la carrera y son andadores infatigables cuando van tras una presa. Viven en los ambientes más diversos (bosques, desiertos, montañas), repartidos por todos los continentes salvo en Nueva Zelanda y Madagascar. No suelen vivir aislados, sólo especies pequeñas como los zorros son solitarias. Pero por lo general, viven en parejas o en pequeños grupos; las especies más grandes, como los lobos, viven en manadas. Por su parte, las hienas, aunque parecidas físicamente a los perros, pertenecen a la familia de los hiénidos, que están más relacionados con los felinos. Existen especies solitarias, pero la mayoría vive en grupos sociales llamados clanes. De cuerpo tosco y cabeza robusta, las hienas poseen las mandíbulas más poderosas del mundo animal. Habitan principalmente en el continente africano, si bien una especie, la hiena rayada, llega también hasta Asia meridional.

COYOTE Pm
Canis latrans
Familia Canidae
DISTRIBUCIÓN: desde norte de Alaska (Estados Unidos) hasta Costa Rica

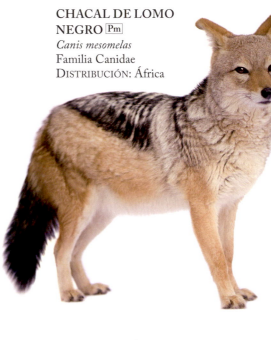

CHACAL DE LOMO NEGRO Pm
Canis mesomelas
Familia Canidae
DISTRIBUCIÓN: África

LOBO DE MACKENZIE Nr
Canis lupus occidentalis
Familia Canidae
DISTRIBUCIÓN: Canadá

LOBO EUROPEO Ep
Canis lupus lupus
Familia Canidae
DISTRIBUCIÓN: Europa, Asia

LOBO GRIS AMERICANO Cr
Canis lupus baileyi
Familia Canidae
DISTRIBUCIÓN: sur de Estados Unidos y norte y centro de México

LICAÓN Ep
Lycaon pictus
Familia Canidae
DISTRIBUCIÓN: desde el
Sáhara hasta Sudáfrica

HIENA RAYADA A
Hyaena hyaena
Familia Hyaenidae
DISTRIBUCIÓN: África,
Eurasia, Arabia, Myanmar

ZORRO COMÚN Cr
Vulpes vulpes
Familia Canidae
DISTRIBUCIÓN: Europa, Asia,
América, África

LOBO ÁRTICO Nr
Canis lupus arctos
Familia Canidae
DISTRIBUCIÓN: Canadá

DINGO Vu
Canis lupus dingo
Familia Canidae
DISTRIBUCIÓN:
Australia, Sudeste
Asiático

OSOS

Entre la familia de los úrsidos encontramos al carnívoro terrestre de mayor tamaño, el oso polar, con una envergadura de 2,50 m y una tonelada de peso. Este descomunal animal de costumbres marinas se encuentra sólo en el Ártico y en el norte de Canadá; por su parte, el resto de sus hermanos americanos y euroasiáticos, más terrestres, no se quedan mucho más atrás en lo que se refiere a tamaño (entre 1,50 y 2 m). Los osos tienen, en general, un cuerpo robusto y macizo, cabeza grande y dentadura poderosa. Sus enormes y fuertes zarpas pueden asestar golpes mortales. Su dieta es principalmente carnívora y pueden complementarla con materia vegetal, aunque existen dos excepciones: el oso polar, que es estrictamente carnívoro, y el oso panda, que se alimenta exclusivamente de bambú. Una característica curiosa de esta familia es que en su caminar pesado y lento apoyan los cinco dedos y los talones, es decir, tienen un andar plantígrado. También son capaces de alzarse sobre sus patas traseras, lo que les confiere una envergadura aún mayor y un aspecto más temible frente a sus enemigos. Además, son buenos corredores y pueden trepar si es necesario.

OSO POLAR Vu
Ursus maritimus
Familia Ursidae
DISTRIBUCIÓN: Ártico circumpolar

OSO NEGRO ASIÁTICO Vu
Ursus thibetanus
Familia Ursidae
DISTRIBUCIÓN: Pakistán, Afganistán, cordillera de los Himalayas, Vietnam, sur de China, Tailandia

OSO DE ANTEOJOS Vu
Tremarctos ornatus
Familia Ursidae
DISTRIBUCIÓN: Sudamérica

OSO PARDO DE SIBERIA ORIENTAL [Nr]
Ursus arctos collaris
Familia Ursidae
DISTRIBUCIÓN: este de Siberia, norte de Mongolia

OSO PARDO [Pm]
Ursus arctos
Familia Ursidae
DISTRIBUCIÓN: Norteamérica, Europa, Oriente Medio, Asia

OSO MALAYO [Vu]
Helarctos malayanus
Familia Ursidae
DISTRIBUCIÓN: este de cordillera Himalaya, China, Indochina, Malasia

OSO PEREZOSO [Vu]
Melursus ursinus
Familia Ursidae
DISTRIBUCIÓN: India, Sri Lanka, Bangladesh, Nepal

OSO PANDA [Ep]
Ailuropoda melanoleuca
Familia Ursidae
DISTRIBUCIÓN: oeste y centro de China

OTROS CARNÍVOROS

Vivérridos, mustélidos, prociónidos… son algunas de las familias que albergan a la mayoría de los carnívoros de pequeño tamaño. Están adaptados a casi todo tipo de hábitats (bosques, montañas, ambientes desérticos, acuáticos, zonas árticas e incluso urbanas…) y prácticamente se distribuyen por todos los continentes, con la excepción de Australia, que cuenta con sus propios carnívoros marsupiales. Estos pequeños animales tienen en general patas cortas y un cuerpo alargado que les permite filtrarse por oquedades y madrigueras. También son excelentes trepadores, por lo que se cuentan entre los más hábiles cazadores de pequeños mamíferos, reptiles, aves e incluso peces. Son un grupo fundamental en las redes tróficas, ayudando a mantener las poblaciones de otros grupos de animales como roedores, insectos o reptiles.

VISÓN AMERICANO [Pm]
Neovison vison
Familia Mustelidae
DISTRIBUCIÓN: Florida (Estados Unidos)

PANDA ROJO [Vu]
Ailurus fulgens
Familia Ailuridae
DISTRIBUCIÓN: India, Nepal, Bután, Myanmar, sur de China

MANGOSTA RAYADA [Pm]
Mungos mungo
Familia Viverridae
DISTRIBUCIÓN: desde sur del Sáhara hasta Sudáfrica

NUTRIA ENANA [Vu]
Aonyx Cinereus
Familia Mustelidae
DISTRIBUCIÓN: Malasia, sur de China

MAPACHE BOREAL Pm
Procyon lotor
Familia Procyonidae
DISTRIBUCIÓN: desde Canadá
hasta Panamá, centro de
Europa, Asia central

RATEL Pm
Mellivora capensis
Familia Mustelidae
DISTRIBUCIÓN: África,
Oriente Medio, India

SURICATA Pm
Suricata suricatta
Familia Herpestidae
DISTRIBUCIÓN: sur de África

GLOTÓN Pm
Gulo gulo
Familia Mustelidae
DISTRIBUCIÓN: Canadá

TURÓN EUROPEO Pm
Mustela putorius
Famillia Musteliddae
DISTRIBUCIÓN: Europa (excepto
Irlanda y Países Escandinavos),
Arizona (Estados Unidos)

MOFETA Pm
Mephitis mephitis
Familia Mephitidae
DISTRIBUCIÓN: Norteamérica

CARNÍVOROS ACUÁTICOS, LOS PINNÍPEDOS

Sus extraños cuerpos fusiformes no les hacen justicia cuando caminan por la tierra, y es que los andares torpes de los pinnípedos se convierten en movimientos armoniosos y ágiles cuando bucean durante mucho tiempo bajo el agua en busca de su alimento. Por algo son unos perfectos cazadores acuáticos.

DIVISIÓN	
Filo:	Chordata
Clase:	Mammalia
Orden:	Carnivora
Superfamilia:	Pinnipedia
Familia:	3
Especies:	33

Foca común (*Phoca vitulina*).

Antaño considerados como un orden propio, los pinnípedos se clasifican en la actualidad como una superfamilia, Pinnipedia, perteneciente al orden de los carnívoros, y de la que se conocen tres familias, Otariidae (lobos y leones marinos), Odobenidae (morsas) y Phocidae (focas y elefantes marinos), distribuidas en las aguas polares, subpolares y templadas de ambos hemisferios.

A pesar de pasar la mayor parte de su vida en el agua, los pinnípedos no han perdido del todo el contacto con la tierra porque acuden a las zonas costeras a dar a luz y alimentar a sus crías. Pero en el agua es donde se encuentran a gusto. Pueden aguantar inmersiones de 45 minutos y bajar a profundidades de unos 1.500 m, como las que frecuenta el elefante marino. Para ello deben expulsar todo el aire de sus pulmones y subsistir con el oxígeno que queda en su cuerpo.

ANATOMÍA

Su cuerpo es muy distinto al de los otros carnívoros. Las extremidades están formadas por huesos muy cortos y dedos por lo general largos, unidos por membranas natatorias con las que se impulsan en el agua a modo de aletas. La cabeza es ancha y plana con un hocico corto sembrado de bigotes, llamados vibrisas, muy sensibles a cualquier movimiento acuático provocado por presas o enemigos. Sólo las morsas tienen unos largos colmillos, lo que las hace fácilmente reconocibles.

Como consecuencia de su adaptación al medio acuático, pueden cerrar las fosas nasales y también los pabellones auditivos, aunque estos sólo aparecen en la familia de los otáridos, característica por la que también son conocidos como «focas con orejas». Para aislarse del frío estos animales cuentan con una gruesa capa de grasa bajo la piel; también poseen varias capas de pelo con estructuras diferentes, y la posibilidad de contraer los vasos sanguíneos cercanos a la superficie de la piel, lo que reduce la pérdida de calor bajo el agua.

El cuello no está diferenciado del cuerpo, el cual tiene forma cilíndrica. Este se afina hacia la cola que es corta o rudimentaria. Las extremidades posteriores quedan estiradas hacia atrás, y sin posibilidad de plegarse bajo el cuerpo en la familia de los fócidos; no sucede así en el caso de los lobos marinos y morsas que pueden moverse mejor en tierra que las focas verdaderas.

COMPORTAMIENTO SOCIAL

En su mayoría los pinnípedos viven en grandes manadas, al menos durante su época reproductiva. Especies como los lobos marinos pueden llegar a formar colonias de 200.000 ejemplares. Otras,

Focas y lobos marinos se diferencian en que los primeros no poseen pabellones auditivos, por lo que los segundos también son conocidos por el nombre de «focas con orejas».

Las morsas (*Odobenus rosmarus*) se distinguen fácilmente de otros pinnípedos por sus largos colmillos que poseen tanto machos como hembras.

Las extremidades traseras de las focas verdaderas quedan estiradas hacia atrás, por lo que sus movimientos en tierra son mucho más torpes que los de los otáridos.

como lo elefantes marinos, están regentadas por un macho dominante que vigila atentamente su harén de alrededor de un centenar de hembras. Sin embargo, algunas especies de focas, como la foca común o la foca leopardo, prefieren la vida en solitario o en muy pequeñas agrupaciones.

Los pinnípedos acuden a tierra firme en primavera y comienzos del verano para dar a luz a sus crías tras un periodo de gestación que varía entre 10 y 15 meses según la especie. Paren una única cría a la que amamantarán durante unos pocos días, en el caso de las focas capuchinas, o varias semanas, en otras especies. Pero en general el cachorro puede ser independiente a los cuatro o seis meses de vida.

GRUPOS (de pinnípedos)

SUPERFAMILIA:
Pinnipedia
FAMILIAS:
Otariidae (lobos marinos, leones marinos)
Odobenidae (morsas)
Phocidae (focas verdaderas, elefantes marinos)

PINNÍPEDOS

Este grupo de carnívoros tiene en los mares y océanos su fuente de alimentación y, aunque están perfectamente adaptados al medio acuático, todavía mantienen un fuerte nexo con tierra firme. Algo que contrasta notablemente con su morfología, pues morsas, focas y otarios son muy torpes cuando se desplazan en tierra. Viven en todos los mares del globo (excepto una especie de agua dulce: la foca Baikal), aunque la mayor densidad de población se encuentra en los mares polares y subpolares debido a que las aguas frías ofrecen a estos animales una gran variedad y abundancia de alimentos. Sin embargo, las distintas familias tienen claras preferencias en cuanto a latitudes. Así, encontramos que los fócidos son más abundantes en el hemisferio norte, mientras que la mayoría de los otáridos encuentra su hábitat idóneo en los mares australes. Y respecto a las morsas, estas sólo habitan las aguas árticas.

MORSA Vu
Odobenus rosmarus
Familia Odobeniddae
DISTRIBUCIÓN: aguas árticas, Canadá, hemisferio norte

FOCA DE GROENLANDIA Pm
Pagophilus groenlandicus
Familia Phocidae
DISTRIBUCIÓN: océano Atlántico Norte

FOCA DE WEDDELL Pm
Leptonychotes weddellii
Familia Phocidae
DISTRIBUCIÓN: aguas de la Antártida

FOCA LEOPARDO Pm
Hidrurga leptonyx
Familia Phocidae
DISTRIBUCIÓN: aguas de la Antártida, Sudáfrica, Australia y océano Atlántico Sur

FOCA COMÚN Pm
Phoca vitulina
Familia Phocidae
DISTRIBUCIÓN:
óceano Atlántico
Norte, mar del Norte

**LEÓN MARINO
CALIFORNIANO** Pm
Zalophus californianus
Familia Otariidae
DISTRIBUCIÓN: aguas
frente a California, islas
Galápagos, este de Asia

**LEÓN MARINO DE
NUEVA ZELANDA** Vu
Phocarctos hookeri
Familia Otariidae
DISTRIBUCIÓN: aguas e islas
al sur de Nueva Zelanda

**FOCA
CANGREJERA** Pm
Lobodon carcinophagus
Familia Phocidae
DISTRIBUCIÓN: aguas
de la Antártida

**ELEFANTE MARINO
HEMBRA** Pm
Mirounga leonine
Familia Phocidae
DISTRIBUCIÓN: aguas de la
Antártida, océano Atlántico Sur

GRANDES
HERBÍVOROS TERRESTRES

Elefantes, rinocerontes, jirafas e hipopótamos son los mamíferos terrestres más grandes del planeta, pero por fortuna su dieta es vegetariana. Su gran envergadura les pone en un serio compromiso: deben disponer de suficiente alimento y de vastos terrenos que les alberguen. África y Asia tropical cumplen con estos requisitos.

DIVISIÓN	
Filo:	Chordata
Clase:	Mammalia
Orden:	Proboscidea
Familia:	Elephantidae
Orden:	Perissodactyla
Familia:	Rhinocerotidae
Orden:	Arctiodactyla
Familias:	Giraffidae
	Hipopotamidae

Gracias a su larga trompa o probóscide, el elefante puede arrancar la hierba del suelo por muy corta que sea, sin necesidad de agacharse.

Estos animales que pertenecen a órdenes distintos comparten hábitats como las grandes sabanas africanas y los bosques, y ciénagas y praderas asiáticas en las que hay materia vegetal en abundancia. Sin embargo, cuando esta escasea, como sucede en la época estival africana, no hay competencia porque cada uno ocupa un nicho ecológico. Los elefantes, ramoneadores como las jirafas, pueden arrancar las cortezas de los árboles con sus trompas si la vegetación merma. Las jirafas son capaces de alcanzar las copas de las altas acacias y arrancar con su flexible y resistente lengua los brotes y hojas protegidos por afilados pinchos. Los rinocerontes comen ramas y vegetales duros como cardos, cañas, retamas, juncos… Y los hipopótamos pastan la hierba de terrenos aledaños a sus lagunas que exploran durante la noche.

ELEFANTE

Los elefantes pertenecen a la familia Elephantidae, única representante viva del orden Proboscidea. Son los animales terrestres más grandes (pueden alcanzar las seis toneladas) y los que poseen el mayor cerebro de todo el reino animal. Su cabeza es desproporcionadamente grande, pero el cráneo es ligero gracias a sus numerosas cavidades alveolares llenas de aire. Esta cabeza posee las orejas más grandes de todos los animales, enormes incisivos superiores que se desarrollan en unos largos colmillos (tristemente apreciados por su marfil) y, quizás lo más característico de estos animales y que da nombre al orden, su trompa o probóscide.

Esta larga trompa prensil es el resultado de una fusión entre los orificios nasales y el labio superior. Es muy útil a la hora de alimentarse, pues el elefante es el único herbívoro que no llega al suelo con su boca. Con ella arrancan la hierba y las ramas, y beben, más bien succionan, el agua que luego llevarán a su boca.

En la actualidad se conocen tres especies de elefantes: el elefante de sabana africano (*Loxodonta africana*), el elefante de bosque africano (*Loxodonta cyclotis*) y el elefante asiático (*Elephas maximus*) más reducido.

RINOCERONTE

Pertenece al orden de los perisodáctilos (ungulados con uñas pares) y tiene tanto representantes africanos como asiáticos. Su aspecto es el de un extraño y robusto animal acorazado, ya que su piel gris es dura y semejante al cuero. Recibe su nombre de los singulares cuernos situados sobre su hocico; dos en el caso de los rinocerontes africanos blanco (*Ceratotherium simum*) y negro (*Diceros bicornis*) y el de Sumatra (*Dicerorhinus sumatrensis*), y uno en el indio (*Rhinoceros unicornis*) y el de Java (*Rhinoceros sondaicus*). Al contrario que el resto de los perisodáctilos, los cuernos de este animal no tienen un origen óseo, sino que están formados por filamentos de queratina agrupados, es decir, por pelo.

Rinocerontes negros (*Diceros bicornis*).

El más grande es el rinoceronte blanco, con un peso cercano a las 2,3 toneladas y una longitud corporal de 4 m y una altura de 1,80 m. Los rinocerontes son animales solitarios y muy territoriales que no dudan en lanzarse a embestir a aquel que osa introducirse en sus dominios, siempre y cuando lo vean en movimiento, pues poseen una vista muy mala.

JIRAFA

La extraordinaria longitud de su cuello y sus largas patas son las señas de identidad de las jirafas (*Giraffa camelopardalis*) que junto con los okapis (*Okapia Johnstoni*) forman la familia Giraffidae del orden Arctiodactyla (ungulados con uñas impares). Las jirafas viven en rebaños en los bosques del África subsahariana y se alimentan, por lo general, de las hojas de acacia. La altura de estos árboles no representa mayor problema pues la jirafa puede alcanzar los 5 m. Su pelaje reticulado también es llamativo, pero idóneo para camuflarse en su hábitat. Está salpicada de manchas marrones anaranjadas separadas por una red de líneas amarillas o de tono crema.

El hipopótamo sólo saldrá del agua al atardecer para acudir a los pastizales de los alrededores y comer durante la noche.

HIPOPÓTAMO

Es el más corpulento y macizo de todos los artiodáctilos. Sus dos especies son exclusivamente africanas. La más pequeña es el hipopótamo enano (*Hexaprotodon liberiensis*), que habita en bosques y pantanos, y la más grande y conocida es el hipopótamo (*Hippopotamus amphibius*), que se distribuye por las cuencas de los grandes ríos, lagos y pantanos africanos. El hipopótamo puede medir 1,4 m de altura y casi 3 m de largo. Pero su cuerpo es rechoncho y con patas muy cortas que deben soportar un peso de unas 3 toneladas, a no ser porque se pasan el día metidos en el agua flotando, nadando y sumergidos por periodos de 5 minutos. Para compaginar esa vida anfibia, sus orejas, ojos y fosas nasales se encuentran en una posición elevada en la cabeza, lo que les permite mantener sumergido el resto del cuerpo para así contrarrestar el calor abrasador.

Jirafas *(Giraffa camelopardalis).*

GRANDES
HERBÍVOROS
TERRESTRES

El gran tamaño de estos animales constituye una alternativa de supervivencia ante el ataque de un depredador. Poco pueden hacer los temibles leones o tigres ante la embestida de un elefante, un rinoceronte o un hipopótamo, y menos aún si son alcanzados por sus poderosas armas defensivas, como son los colmillos y cuernos. La jirafa, aunque no está dotada de una piel acorazada o de fuertes defensas, posee una gran envergadura difícil de abarcar por cualquier depredador y sus largas patas pueden resultar armas mortíferas en forma de coz. Por eso estos grandes mamíferos no suelen estar asediados por los depredadores, aunque sus crías sí se encuentran en su punto de mira.

Como sucede con los grandes animales, su ciclo biológico es más bien lento y paren una sola cría (raramente dos) a la que cuidarán y alimentarán hasta asegurar que está capacitada para desenvolverse por sí misma. Algo que ocurre, como mínimo, al año de edad en el caso de los hipopótamos y que puede prolongarse hasta los cinco en el caso de los elefantes. Estos últimos alcanzan la madurez sexual a los 10-12 años y poseen la gestación más larga entre los mamíferos: de 18 a 22 meses (elefante asiático y africano, respectivamente). Algo más corta es la de los rinocerontes, unos 16 meses, uno más que la de las jirafas. Y casi la mitad en el caso del hipopótamo, cuya gestación dura unos ocho meses en ambas especies.

OKAPI A
Okapia johnstoni
Orden Arctiodactyla
Familia Giraffidae
DISTRIBUCIÓN: nordeste de Zaire

ELEFANTE ASIÁTICO Ep
Elephas maximus maximus
Orden Proboscidea
Familia Elephantidae
DISTRIBUCIÓN: Sri Lanka

ELEFANTE INDIO Vu
Elephas maximus indicus
Orden Proboscidea
Familia Elephantidae
DISTRIBUCIÓN: India, Nepal, Bangladesh, Tailandia, Myanmar, Camboya, laos, China, Vietnam

ELEFANTE AFRICANO Vu
Loxodonta Africana
Orden Probiscidea
Familia Elephantidae
DISTRIBUCIÓN: centro, sur y este de África

RINOCERONTE INDIO Vu
Rhinoceros unicornis
Orden Perissodactyla
Familia Rhinocerontidae
DISTRIBUCIÓN: Pakistán,
India, Nepal,
Bangladesh

**RINOCERONTE
BLANCO** A
Ceratotherium simum
Orden Perissodactyla
Familia Rhinocerontidae
DISTRIBUCIÓN: África

JIRAFA Pm
Giraffa camelopardalis
Orden Arctiodactyla
Familia Giraffidae
DISTRIBUCIÓN: desde
Sáhara hasta Sudáfrica

RINOCERONTE NEGRO Cr
Diceros bicornis
Orden Perissodactyla
Familia Rhinocerontidae
DISTRIBUCIÓN: Kenia, Camerún, Sudáfrica

**HIPOPÓTAMO
COMÚN** Vu
Hippopotamus amphibious
Orden Arctiodactyla
Familia Hippopotamidae
DISTRIBUCIÓN: región
subsahariana, Tanzania,
Zambia, Mozambique

**HIPOPÓTAMO
PIGMEO** Ep
Hexaprotodon liberiensis
Orden Arctiodactyla
Familia Hippopotamidae
DISTRIBUCIÓN: oeste de
África, sobre todo Liberia

ELEFANTE AFRICANO

Loxodonta africana
Orden: Proboscidea
Familia: Elephantidae

De los animales terrestres es el más grande con diferencia. Su cabeza con extensas orejas móviles, la larga trompa y los colmillos no dejan lugar a la duda a la hora de reconocer al gran elefante. Sus patas también son características. Los dedos con falanges están envueltos de tal forma por la piel que no pueden moverse y se apoyan en una matriz adiposa que amortigua y reparte la pesada carga del cuerpo sobre las patas columniformes. Sus largos y pesados colmillos de hasta 60 kg casi han conducido a los elefantes africanos a la extinción, abatidos por los ávidos cazadores en busca del preciado marfil. Hoy, prohibido el comercio de marfil, los elefantes están recuperando sus poblaciones, sin dejar de estar en peligro, ya que el furtivismo persiste. Suelen encontrarse en el Sáhara suboriental y en África central.

COLMILLOS
Los enormes colmillos del elefante africano son unas extraordinarias defensas ante los ataques de leones y otros enemigos potenciales.

TROMPA
La probóscide o trompa es un excelente instrumento multifunción con el que beber, comer, comunicarse, agarrar, etc.

TAMAÑO: en machos: peso 4-6 toneladas, 3,3 m de altura y 7 m de largo; en hembras: 3 toneladas, 2,7 m de altura y 6 m de largo.

REPRODUCCIÓN

El elefante también encabeza la estadística de los animales con el periodo de gestación más largo, 22 meses, al cabo de los cuales la hembra pare a una sola cría que puede pesar 120 kg. Los elefantes son muy longevos (pueden vivir 60 años en estado salvaje y superarlos en 20 años más en cautividad), y los diez primeros años de su vida son muy dependientes de su madre, que les amamantará durante tres o cuatro años para luego enseñarle habilidades sociales y de supervivencia.

ANATOMÍA

Su probóscide o trompa es un práctico y versátil apéndice que tiene múltiples usos. Como hemos visto anteriormente, los elefantes no pueden llegar al suelo con la cabeza por lo que utilizan su trompa flexible para arrancar hierbas, hojas o ramas, y llevárselas a la boca. También con ella hacen llegar el agua a su boca o al resto del cuerpo esparciéndola como una ducha. Pueden rascarse, hacerse señas entre ellos o a sus enemigos, acariciarse y utilizarla como tubo de respiración si se sumergen en el agua.

Las extensas orejas tienen una función muy específica en estos animales, como es la dispersión del calor para evitar el sobrecalentamiento de sus cuerpos compactos. Cuando esto sucede, las adelantan y se abanican para que la brisa circule por toda la superficie auricular, ampliamente irrigada para facilitar la disipación del calor.

COMPORTAMIENTO SOCIAL

El elefante africano vive en comunidades familiares dirigidas por la hembra de mayor edad. El resto de los miembros son hembras, por lo general hermanas e hijas con sus descendientes. Los machos adultos maduros son solitarios y sólo se acercan a las manadas en época de celo. Sus sociedades son complejas y organizadas. La matriarca dirige a la manada enseñándole rutas, fuentes de agua y protegiéndola de las amenazas. Cuando surge algún peligro, el rebaño se dispone en

círculo dejando a las crías en el centro y los adultos mirando hacia el exterior. Si alguno de los integrantes del grupo es herido, el resto de la manada intentará socorrerle y ayudarle por todos los medios.

EN GRUPO. Las comunidades suelen estar compuestas por una hembra mayor que es la matriarca, sus hijas, sus hermanas y descendientes machos jóvenes.

MATRIARCA. La matriarca guía al resto de la manada hacia fuentes de agua, pero vigila constantemente para evitar peligros.

LA CRÍA. El pequeño elefante seguirá dependiendo de la leche materna durante tres o cuatro años.

LAS OREJAS. Tienen una función muy específica: la dispersión del calor para evitar el sobrecalentamiento de sus cuerpos compactos.

UNGULADOS

RECIBEN ESTE NOMBRE GENÉRICO POR POSEER EXTREMIDADES QUE TERMINAN EN PEZUÑAS, CONSTITUYEN UN GRUPO BASTANTE NUMEROSO DE ESPECIES. SON RÁPIDOS, RESISTENTES Y EN SU MAYORÍA HERBÍVOROS. SALVO EN EL ÁRTICO Y OCEANÍA (DONDE HAN SIDO INTRODUCIDOS), SE ENCUENTRAN EN TODOS LOS HÁBITATS TERRESTRES.

DIVISIÓN	
Filo:	Chordata
Clase:	Mammalia
Orden:	Arctiodactyla y
	Perissodactyla
Familia:	13
Especies:	244

El tapir (*Tapirus terrestris*) está emparentado con caballos y rinocerontes, pero posee una nariz móvil que utiliza para arrancar hojas, frutas y hierbas de las que se alimenta.

Los ungulados son un grupo animal muy diverso porque pertenecen a él especies de morfologías tan dispares como el rinoceronte, el tapir, el búfalo, la jirafa, el caballo, el hipopótamo, el camello o la gacela. Pero entre ellos hay diferencias significativas que los hacen escindirse en dos órdenes: Arctiodactyla y Perissodactyla. Al primero pertenecen animales con extremidades que terminan en un número par de dedos (dos o cuatro); al segundo, en un número impar de dedos (uno o tres).

ANATOMÍA

Casi todos los ungulados poseen una cabeza con un hocico más o menos alargado, un cuerpo diferenciado en forma de barril que se sostiene sobre unas patas que se apoyan sobre las puntas de los dedos (las pezuñas) y una cola corta. La mayoría posee astas o cuernos. Las astas son prolongaciones del cráneo características de la familia de los cérvidos que se mudan cada año. Los cuernos, típicos de los bóvidos, pero no exclusivos de ellos, tienen una médula ósea recubierta de queratina y crecen continuamente. Una salvedad son los cuernos del rinoceronte formados totalmente por fibras de queratina.

ALIMENTACIÓN

Casi todos los mamíferos ungulados son herbívoros. Unos se dedican al pastoreo (se alimentan casi exclusivamente de la hierba de los pastos) y otros al ramoneo (se alimentan de cualquier materia vegetal). Pero todos sacan la energía necesaria para vivir de la celulosa, un material que resulta difícil de digerir. Es por ello que estos mamíferos han desarrollado dos sistemas digestivos muy diferentes para el aprovechamiento de la materia vegetal:

- FERMENTACIÓN POSTGÁSTRICA. Los animales mastican el alimento una sola vez al pasar al estómago y a continuación al intestino ciego donde se realiza una fermentación microbiana de la celulosa. El tránsito del alimento es rápido y el aprovechamiento de la celulosa incompleto. Por este motivo los animales que realizan este tipo de digestión deben comer grandes cantidades de forraje.

- RUMIA. Los animales con este tipo de digestión son conocidos como rumiantes y tienen un aparato digestivo más

Grupo de jóvenes ciervos.

complejo, con cuatro estómagos. La comida pasa primero al rumen, donde es fermentada por microorganismos, y a continuación es regurgitada y masticada de nuevo. La materia pasa al segundo estómago, el retículo, luego al omaso y después al verdadero estómago, el abomaso, donde se completa la digestión. Los nutrientes son absorbidos en el intestino delgado y en el ciego, dando como resultado un aprovechamiento de más de un 60% de la celulosa ingerida.

COMPORTAMIENTO SOCIAL

El sistema social de los ungulados varía según el tamaño, hábitat, reproducción y migración de estos animales. Por ejemplo, en el caso de los perisodáctilos, como los équidos, un macho se relaciona con un grupo determinado de hembras que conforman un harén. Por su parte, los rinocerontes son solitarios y su territorio comprende el de varias hembras. Las peleas de machos son menos frecuentes que entre los artiodáctilos. Estos últimos, como los ñúes, forman manadas con miembros fijos, o no, que comen en grupo con el fin de tener una mayor protección ante los depredadores. Además son protagonistas de las grandes migraciones estacionales que se suceden en el África ecuatorial. Aunque también encontramos pequeños artiodáctilos que buscan comida (bayas y frutas) en solitario o en pareja.

GRUPOS DE UNGULADOS

Ungulados es un nombre antiguo del orden que recogía a un grupo de mamíferos. Aunque se utiliza para designar a alguno de estos animales, científicamente se agrupan en dos órdenes con sus correspondientes familias.

Los herbívoros, como este rebaño de ñúes en África, realizan las mayores migraciones estacionales del planeta.

Gamos (*Damam dama*) durante la berrea.

GRUPOS (de ungulados)

ORDEN: **Perissodactyla**
FAMILIAS:
Equidae (caballos, cebras, asnos)
Tapiridae (tapir)
Rhinoceratidaea (rinocerontes)
ORDEN: **Arctiodactyla**
FAMILIAS:
Suidae (jabalí)
Tayassuidae (pecarí)
Hippopotamidae (hipopótamos)
Camelidae (camellos y llamas)
Tragulidae (ciervo del agua)
Moschidae (ciervo almizclero)
Cervidae (ciervos)
Giraffidae (jirafas y okapis)
Antilocapridae (berrendo)
Bovidae (reses, cabras, antílopes)

Cebra en la sabana de Masai Mara (África).

BÓVIDOS

Esta familia de hervíboros, del orden de los artiodáctilos, está comprendida enteramente por especies rumiantes, es decir, tienen su estómago compartimentado en cuatro cavidades gástricas. Ambos sexos poseen extremidades óseas en la cabeza, los cuernos, con un interior hueco, que crecen continuamente y nunca se desprenden. Los integrantes de la familia Bovidae presentan un aspecto variable, desde cuerpos macizos y pesados de más de una tonelada de peso, hasta formas esbeltas y elegantes que apenas alcanzan el tamaño de un gato. Los numerosos miembros de esta familia, alrededor de 130 especies, se distribuyen por todas las latitudes y en hábitats tan extremos como la tundra y los desiertos, así como en selvas, bosques templados o en biomas de alta montaña, formando por lo general grandes manadas.

SITATUNGA Pm
Tragelaphus spekii
Orden Arctiodactyla
Familia Bovidae
DISTRIBUCIÓN:
suroeste de África

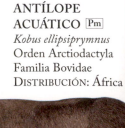

**ANTÍLOPE
ACUÁTICO** Pm
Kobus ellipsiprymnus
Orden Arctiodactyla
Familia Bovidae
DISTRIBUCIÓN: África

**BISONTE
EUROPEO** Vu
Bison bonasus
Orden Arctiodactyla
Familia Bovidae
DISTRIBUCIÓN: Polonia,
Rusia, Ucrania, Lituania

**ÓRIX
DEL CABO** Pm
Oryx gazella
Orden Arctiodactyla
Familia Bovidae
DISTRIBUCIÓN: Botswana, Angola,
Namibia, norte de Sudáfrica,
Zimbabwe

ÍBICE Pm
Capra ibex
Orden Arctiodactyla
Familia Bovidae
DISTRIBUCIÓN:
Europa, sobre todo
en los Alpes

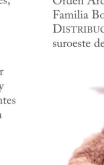

GAUR Vu
Bos gaurus
Orden Arctiodactyla
Familia Bovidae
DISTRIBUCIÓN: sur de Asia

MUFLÓN Vu
Ovis orientalis
Orden Arctiodactyla
Familia Bovidae
DISTRIBUCIÓN:
Afganistán, India,
Pakistán, Tajikistán,
Turkmenistán,
Uzbekistán, Omán,
Armenia

YAK Nr
Bos grunniens
Orden Arctiodactyla
Familia Bovidae
DISTRIBUCIÓN:
China (Tíbet)

**MUFLÓN
DE DALL** Pm
Ovis dalli
Orden Arctiodactyla
Familia Bovidae
DISTRIBUCIÓN: Alaska
(Estados Unidos), Canadá

ÓRIX BLANCO [Ex]
Oryx dammah
Orden Arctiodactyla
Familia Bovidae
DISTRIBUCIÓN: países
del norte de África

CERVICABRA, [Nr]
ANTÍLOPE NEGRO
Antelope cervicapra
Orden Arctiodactyla
Familia Bovidae
DISTRIBUCIÓN: India,
Pakistán, Nepal

ÑU [Pm]
Connochaetes taurinus
Orden Arctiodactyla
Familia Bovidae
DISTRIBUCIÓN: del
este al sur de África

ANTÍLOPE
LECHWE [Pm]
Kobus leche
Orden Arctiodactyla
Familia Bovidae
DISTRIBUCIÓN:
Zambia, Botswana,
Angola

KUDU [Pm]
Tragelaphus strepsiceros
Orden Arctiodactyla
Familia Bovidae
DISTRIBUCIÓN: este
y sur de África

ÍBICE SIBERIANO [Pm]
Capra sibirica
Orden Arctiodactyla
Familia Bovidae
DISTRIBUCIÓN: sur de Siberia,
Mongolia, Asia Central,
Afganistán

SPRINGBOK [Pm]
Antidorcas marsupialis
Orden Arctiodactyla
Familia Bovidae
DISTRIBUCIÓN: sur y
suroeste de África

OTRAS ESPECIES

ARRUI [Vu]
Ammotragus lervia
Orden Arctiodactyla
Familia Bovidae
DISTRIBUCIÓN: los países del norte
de África

BANTENG [Ep]
Bos javanicus
Orden Arctiodactyla
Familia Bovidae
DISTRIBUCIÓN: sur de Asia

BISONTE AMERICANO [A]
Bison bison
Orden Arctiodactyla
Familia Bovidae
DISTRIBUCIÓN: desde Alaska y oeste
de Canadá hasta norte de México

BUEY ALMIZCLERO [Pm]
Ovibos moschatus
Orden Arctiodactyla
Familia Bovidae
DISTRIBUCIÓN: norte de Canadá,
norte de Alaska, islas árticas

ELAND DE DERBY [Pm]
Taurotragus derbianus
Orden Arctiodactyla
Familia Bovidae
DISTRIBUCIÓN: desde Senegal
hasta el sur de Sudán

GACELA DE
THOMPSON [A]
Gazella thomsonii
Orden Arctiodactyla
Familia Bovidae
DISTRIBUCIÓN: este de África
(Tanzania, Kenia, sur de Sudán)

MARKHOR [Ep]
Capra falconeri
Orden Arctiodactyla
Familia Bovidae
DISTRIBUCIÓN: al oeste de la
cordillera Himalaya, y en India,
Pakistán, Afganistán, Uzbekistán,
Turkmenistán

NYALA [Pm]
Tragelaphus angasii
Orden Arctiodactyla
Familia Bovidae
DISTRIBUCIÓN: sur de África

REBECO [Pm]
Rupicapra rupicapra
Orden Arctiodactyla
Familia Bovidae
DISTRIBUCIÓN: en Europa en
Pirineos y Cáucaso, y en Nueva
Zelanda en la Isla Sur

CÉRVIDOS, ÉQUIDOS, CAMÉLIDOS...

En estas páginas podemos observar más representantes del antiguo grupo de los ungulados que, aun tratándose de herbívoros, tienen características muy distintas. Artiodáctilos, como la familia de los camélidos, se distribuyen por Sudamérica (llama), Asia (camello) y África (dromedario). Estos dos últimos se caracterizan por ser rumiantes, poseer el labio hendido y extensible y lucir en su dorso unas jorobas (dos y una, respectivamente) donde almacenan grasa. Otros rumiantes como los cérvidos tienen una amplia distribución por todos los continentes, salvo en Oceanía. Sólo los machos de esta familia (con dos excepciones: las hembras de los renos también tienen astas, y ninguno de los sexos de los ciervos de agua las presentan) poseen astas ramificadas que se renuevan anualmente. En cuanto a los cerdos y pecaríes, son artiodáctilos con un estómago simple y cuyas preferencias alimenticias son omnívoras. Perisodáctilos (es decir, con un número impar de pezuñas) son los caballos, cebras, asnos y tapires. Para encontrar a los primeros en estado salvaje debemos desplazarnos hasta las estepas de Asia central, en Mongolia, donde habita el caballo de Przewalski (*Equus ferus przewalskii*), los demás caballos y sus numerosas razas provienen de una especie domesticada. El resto de los équidos vive de forma salvaje en África, Asia y América.

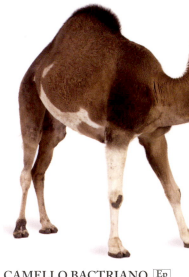

LLAMA Pm
Lama glama
Orden Arctiodactyla
Familia Camelidae
DISTRIBUCIÓN: la cordillera de los Andes, Argentina, Ecuador, Bolivia, Perú, Chile

DROMEDARIO Pm
Camelus dromedarius
Orden Arctiodactyla
Familia Camelidae
DISTRIBUCIÓN: Sáhara (África), norte de India, Oriente Medio

CAMELLO BACTRIANO Ep
Camelus bactrianus
Orden Arctiodactyla
Familia Camelidae
DISTRIBUCIÓN: norte de Asia, cordillera de Himalaya

SAMBAR Vu
Rusa unicolor
Orden Arctiodactyla
Familia Cervidae
DISTRIBUCIÓN: sur de China, Sri Lanka, Malasia, Taiwán, Borneo, Sumatra, Australia, Nueva Zelanda, Estados Undios (California, Texas, Florida)

CIERVO ROJO Pm
Cervus elaphus
Orden Arctiodactyla
Familia Cervidae
DISTRIBUCIÓN: en todo el Hemisferio Norte

RENO O CARIBÚ Pm
Rangifer tarandus
Orden Arctiodactyla
Familia *Cervidae*
DISTRIBUCIÓN: Canadá

GAMO Pm
Dama dama
Orden Arctiodactyla
Familia Cervidae
DISTRIBUCIÓN: por todo el mundo: sur de Europa, Anatolia, norte de África, Etiopía, Sudáfrica, América norte y sur, Australia, Nueva Zelanda, Fiji

FACÓQUERO AFRICANO Pm
Phacochoerus africanus
Orden Arctiodactyla
Familia Suidae
DISTRIBUCIÓN: Mauritania,
Etiopía, Namibia, este de Sudáfrica

**TAPIR
MALAYO** Ep
Tapirus indicus
Orden Perissodactyla
Familia Tapiridae
DISTRIBUCIÓN: Malasia,
Sumatra, Tailandia

CEBRA DE BURCHELL Ex
Equus quagga burchelli
Orden Perissodactyla
Familia Equidae
DISTRIBUCIÓN:
diversos zoos y
reservas

PECARÍ DE COLLAR Pm
Pecari tajacu
Orden Arctiodactyla
Familia Tayassuidae
DISTRIBUCIÓN: Argentina,
Perú, Cuba, Estados Unidos
(Texas, Nuevo México,
Arizona)

ASNO Cr
Equus asinus
Orden Perissodactyla
Familia Equidae
DISTRIBUCIÓN: a lo
largo de todo el mundo

CABALLO Ex
Equus ferus caballus
Orden Perissodactyla
Familia Equidae
DISTRIBUCIÓN: a lo largo de todo el mundo

OTRAS ESPECIES

ASNO AFRICANO Cr
Equus africanus
Orden Perissodactyla
Familia Equidae
DISTRIBUCIÓN: Etiopía, Somalia, Eritrea,
Sudán, Egipto, Djibouti

**CABALLO SALVAJE
DE PRZEWALSKII** Cr
Equus ferus przewalskii
Orden Perissodactyla
Familia Equidae
DISTRIBUCIÓN: Mongolia

CEBRA DE GREVY Ep
Equus grevyi
Orden Perissodactyla
Familia Equidae
DISTRIBUCIÓN: Kenia y este de África

CERDO ROJO DE RÍO Pm
Potamochoerus porcus
Orden Arctiodactyla
Familia Suidae
DISTRIBUCIÓN: África subsahariana,
norte de Sudáfrica, Madagascar

CIERVO AXIS Pm
Axis axis
Orden Arctiodactyla
Familia Cervidae
DISTRIBUCIÓN: India, Nepal, Sri Lanka,
Estados unidos (Hawái, Texas, Florida)

CIERVO SICA HEMBRA Pm
Cervus nippon
Orden Arctiodactyla
Familia Cervidae
DISTRIBUCIÓN: este de Rusia, China,
Japón, Corea del Norte, Corea del Sur

CORZO Pm
Capreolus capreolus
Orden Arctiodactyla
Familia Cervidae
DISTRIBUCIÓN: Europa, Anatolia, Israel,
Líbano

JABALÍ Pm
Sus scrofa
Orden Arctiodactyla
Familia Suidae
DISTRIBUCIÓN: por todo el
mundo: Europa, Asia,
Sudeste Asiático, norte de
África

PRIMATES

SE TRATA DE UN INTERESANTE ORDEN AL QUE, COMO ANIMAL, PERTENECE EL HOMBRE.
TANTO ÉL COMO SUS PARIENTES CERCANOS, LOS MONOS, SIMIOS Y PROSIMIOS, POSEEN
CINCO DEDOS Y AL MENOS UNO OPONIBLE EN ALGUNA DE SUS EXTREMIDADES, LO QUE
LES PERMITE AGARRAR Y ASIRSE A OBJETOS.

DIVISIÓN	
Filo:	Chordata
Clase:	Mammalia
Orden:	Primates
Familia:	16
Especies:	256

Los primates tienen cinco dedos y un pulgar oponible en manos y pies, salvo el hombre, cuyo pulgar del pie no es oponible, y los monos araña, que carecen de pulgar en las manos.

Los primates son en general animales de tamaño mediano, pasando por todos los rangos, desde los 30 g de peso del lémur ratón gris a los 200 kg del gorila de montaña. Las investigaciones recientes dividen este orden en dos subórdenes: Strepsirrhini y Haplorrhini. Los estrepsirrinos, que comprenden los primates más primitivos, se caracterizan por poseer un rinario u hocico prominente, húmedo y glandular, y vibrisas en el hocico. Los haplorrinos, por el contrario, carecen de membrana que envuelva las fosas nasales y de vibrisas. Son estrepsirrinos los lémures, gálagos, potos y loris (antes llamados prosimios) y son haplorrinos los tarseros (también englobados anteriormente en el grupo de los prosimios), los monos del Nuevo Mundo y los monos del Viejo Mundo, que incluye a los grandes simios.

ESTILO DE VIDA

Algunos primates tienen una vida enteramente arborícola; otros la alternan realizando más o menos actividades en el suelo, como por ejemplo la búsqueda de comida. Poder moverse tanto en estratos verticales como horizontales amplía las fuentes de abastecimiento y los gustos. Así encontramos primates que se alimentan de insectos, como los monos ardilla, aunque suelen combinar la dieta con frutos y semillas; los que comen materia vegetal en exclusiva, como los gorilas; los que combinan vegetales y carne, como los chimpancés que cazan de vez en cuando pequeños mamíferos, y los exclusivamente carnívoros, como los tarseros que cazan insectos y pequeños vertebrados.

ANATOMÍA

En general los primates poseen una cabeza redondeada con un hocico corto en una cara plana, pero lo que más llama la atención no se ve a simple vista. Los primates son los únicos animales que tienen el cerebro más grande en relación con el tamaño corporal, un tamaño al parecer justificado por su compleja vida social.

La mayoría de los primates tiene cola (en algunos es prensil), excepto el grupo perteneciente a la subfamilia Hominoidea que incluye a las familias Hylobatidae (gibones) y Hominidae (chimpancés, orangutanes, gorilas y humanos). Sus ágiles y prensiles manos y pies constan de cinco dedos, y pueden mover libremente brazos y

Grupo de chimpancés (*Pan troglodytes*).

piernas como resultado de su adaptación a la vida arborícola.

Los primates poseen dimorfismo sexual (diferencia morfológica entre macho y hembra) muy evidente en las especies del Viejo Mundo.

COMPORTAMIENTO SOCIAL

Son pocas las especies de primates que viven aisladas (orangutanes, algunos lémures y gálagos). Generalmente se unen en parejas o en comunidades compuestas por varias hembras, su descendencia y uno o varios machos adultos. El número de miembros varía de 20 a 100, como se han llegado a contabilizar en grupos de papiones y monos araña. Las comunidades suelen elegir una zona más o menos extensa que sólo es abandonada cuando el grupo no encuentra los elementos

Familia de macacos (*Macaca fascicularis*).

El orangután es uno de los pocos simios que no vive en comunidades numerosas. Suelen tener hábitos solitarios y como mucho se ven hembras con su cría. A la izquierda, un gorila.

necesarios para su subsistencia. Existen jerarquías y normas sociales que afianzan los lazos de la comunidad. Un ejemplo de ello es el acicalamiento o aseo compartido. Los miembros de bajo rango asean a los de rango más alto para obtener su favor.

GRUPOS (de primates)

SUBORDEN: Strepsirrhini
FAMILIAS:

Cheirogaleidae (lémures enanos)
Daubentoniidae (aye-aye)
Lemuridae (lémur de cola anillada, lémur pardo…)
Lepilemuridae (lepilemúridos)
Indriidae (indris, sifacas)
Lorisidae (loris, potos)
Galagidae (gálagos)

SUBORDEN: Haplorrhini
FAMILIAS:

Tarsiidae (tarsero)
Callitrichidae (titís)
Cebidae (capuchinos, monos ardilla)
Aotidae (micos nocturnos)
Pitheciidae (sakí cariblanco, uakarí calvo, huicocos)
Atelidae (mono araña, mono aullador)
Cercopithecidae (cercopitecos, papiones, macacos, mandriles)
Hylobatidae (gibones)
Hominidae (orangután, chimpancé, bonobo, gorila, humano)

LÉMURES Y TARSEROS

Antaño conocidos como prosimios, estos primates menos complejos evolutivamente que los simios se caracterizan por poseer una cabeza con hocico prominente y una larga cola. Si bien las últimas investigaciones presentan a los tarseros como una familia con rasgos distintivos que se ubica junto a los simios. Este grupo de primates constituido por lémures, gálagos y loris se caracteriza por albergar formas típicamente arbóricolas, con extremidades prensiles; algunas especies están adaptadas para el salto, con la cara cubierta de pelo, los ojos grandes y las costumbres preferentemente crepusculares y nocturnas. Son vegetarianos, aunque también hacen gala de gustos omnívoros e insectívoros. La mayoría de ellos se encuentra en Madagascar, pero también hay en los continentes africano e indomalayo.

LÉMUR DE COLA ANILLADA A
Lemur catta
Suborden Strepsirrhini
Familia Lemuridae
DISTRIBUCIÓN:
Madagascar

LÉMUR RUFO BLANCO Y NEGRO Cr
Varecia variegata
Suborden Strepsirrhini
Familia Lemuridae
DISTRIBUCIÓN: Madagascar

SIFAKA CORONADO Ep
Propithecus coronatus
Suborden Strepsirrhini
Familia Indriidae
DISTRIBUCIÓN:
Madagascar

LÉMUR CORONADO Vu
Eulemur coronatus
Suborden Strepsirrhini
Familia Lemuridae
DISTRIBUCIÓN:
Madagascar

LÉMUR PARDO A
Eulemur fulvus
Suborden Strepsirrhini
Familia Lemuridae
DISTRIBUCIÓN:
Madagascar, islas Comoras

LÉMUR ENANO DE COLA GRUESA Pm
Cheirogaleus medius
Suborden Strepsirrhini
Familia Cheirogaleidae
DISTRIBUCIÓN: Madagascar

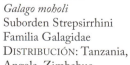

MOHOLI Pm
Galago moholi
Suborden Strepsirrhini
Familia Galagidae
DISTRIBUCIÓN: Tanzania, Angola, Zimbabue, Ruanda, Burundi

LÉMUR RUFO ROJO Ep
Varecia rubra
Suborden Strepsirrhini
Familia Lemuridae
DISTRIBUCIÓN:
Madagascar

TARSERO FILIPINO A
Tarsius syrichta
Suborden Haplorrhini
DISTRIBUCIÓN: Filipinas

SIMIOS SIN COLA

Este grupo de simios perteneciente a la suborden Haplorrhini se caracteriza por poseer individuos de diversas especies que carecen de cola. Su tamaño hace que se dividan en simios menores (los gibones) y los simios mayores, también conocidos como simios antropomorfos por su gran parecido con el hombre tanto físicamente como en el comportamiento social. Son estos simios de mayor tamaño los gorilas, los orangutanes, los chimpancés y los bonobos. Se encuentran en África central y oriental y en el Sudeste Asiático. Su dieta es principalmente vegetariana, aunque hay especies omnívoras, como los chimpancés, que ocasionalmente capturan mamíferos de mediano tamaño e incluso monos. Salvo el orangután, que vive solo, y el gibón, que lo hace en pareja, el resto de los grandes simios forman complejas organizaciones sociales muy bien definidas. Su gran inteligencia y la capacidad para el uso instrumental están más que constatadas por la comunidad científica.

GORILA Cr
Gorilla gorilla
Suborden Haplorrhini
Familia Hominidae
DISTRIBUCIÓN: Guinea Ecuatorial, Gabón, Nigeria, República del Congo, Angola, República Democrática del Congo

BONOBO Ep
Pan paniscus
Suborden Haplorrhini
Familia Hominidae
DISTRIBUCIÓN: República Democrática del Congo

GIBÓN Ep
Hylobates lar
Suborden Haplorrhini
Familia Hylobatidae
DISTRIBUCIÓN: sur de China, sur y sudeste de Asia

CHIMPANCÉ Ep
Pan troglodytes
Suborden Haplorrhini
Familia Hominidae
DISTRIBUCIÓN: Senegal, Uganda, Tanzania

ORANGUTÁN Ep
Pongo pygmaeus
Suborden Haplorrhini
Familia Hominidae
DISTRIBUCIÓN: Asia

GORILA OCCIDENTAL

Gorilla gorilla
Orden: Primates
Familia: Hominidae

Es el más grande de los simios con hábitos enteramente diurnos. El gorila tiene un aspecto imponente y fiero, pero ante una amenaza intentará por todos los medios la disuasión antes que el ataque. Para ello se yergue, grita y golpea el pecho con sus manos produciendo un sonido amedrentador. Si no consigue ahuyentar al intruso, cargará contra él dando manotazos, mordiendo y arrojándole ramas. Pero esta estrategia sirve de poco para eludir la caza furtiva, seria amenaza para la supervivencia de los pocos centenares de gorilas que quedan en los bosques de África central: unos 200-300 individuos de Gorila occidental (*Gorilla gorilla*) con dos subespecies conocidas, el gorila occidental de las tierras bajas (*Gorilla gorilla gorilla*) y el gorila del río Cross (*Gorilla gorilla diehli*); y menos de 700 de gorila oriental (*Gorilla beringei*) que tiene otras dos subespecies, el gorila oriental de montaña (*Gorilla beringei beringei*) y el gorila oriental de las tierras bajas (*Gorilla beringei graueri*). La destrucción de su hábitat es otro de los problemas a los que se enfrentan los gorilas considerados en peligro de extinción.

TAMAÑO: de 68 a 200 kg de peso y entre 1,30 y 1,90 m de altura.

LÍDER DE LA MANADA
Durante 11 años el joven macho permanece en el grupo; luego lo abandonará para liderar el suyo propio.

OJOS
Parece que los ojos están hundidos, pero es por su arco supraciliar prominente.

LA ESTRUCTURA
El gorila macho es muy corpulento y sus miembros extremadamente robustos, lo que le da un aspecto poderoso y fiero.

PIES
Como andan a cuatro patas, las plantas de los pies y los nudillos de las manos soportan todo el peso.

ANATOMÍA

Los machos siempre son de mayor tamaño que las hembras. Poseen un cuerpo robusto cubierto de un pelaje no muy espeso y de color oscuro. Sus manos y pies son desproporcionados, anchos y cortos, y las extremidades, muy robustas. Son más largos los brazos que las piernas, por lo que deambulan a cuatro patas, apoyándose sobre las plantas de sus pies y sobre los nudillos de las manos. En su cara contrasta el prominente arco supraciliar que hace que tenga los ojos hundidos. La nariz es aplanada y ancha. También la boca es ancha, provista de labios gruesos, menos movibles que los de los chimpancés. Las orejas son pequeñas y la dentadura es robusta con unos caninos muy desarrollados en el macho, tanto que se asemejan a los de los carnívoros.

COMPORTAMIENTO SOCIAL

Vive en grupos estables de entre 3 y 20 individuos. La comunidad está formada por un macho dominante (llamado espalda plateada, por el color que adquiere su lomo en contraste con su pelaje negro), uno o dos machos más subordinados y varias hembras con sus correspondientes hijos. Su alimentación es totalmente vegetariana, y raramente comen insectos. Es una dieta muy pobre para mantener tales dimensiones corporales, por lo que necesitan pasar gran parte de su tiempo comiendo para realizar un mayor aprovechamiento de los nutrientes. De modo que el grupo dedica muchas horas del día a la búsqueda de alimento, por lo general la mañana y la tarde, haciendo un descanso al mediodía. Al llegar la noche acostumbran a hacer un lecho aislante con ramas y hojas, tanto en el suelo como sobre las ramas, donde se acostarán para descansar. Si bien este comportamiento sólo se ha comprobado en el gorila oriental.

REPRODUCCIÓN

Durante la época de celo el macho se apareará con las hembras de su harén, aunque deberá exhibir su fuerza y destreza protectora si un gorila solitario intenta arrebatarle alguna hembra. Tras ocho meses

y medio de gestación la hembra pare a una sola cría (en los partos dobles uno de los hijos no suele sobrevivir) que se aferra fuertemente al vientre de la madre para mamar y no la soltará durante los seis primeros meses de su vida. Luego trepará a su espalda donde encuentra seguridad y protección. El destete no se produce hasta los tres años. En estado salvaje los gorilas viven hasta los 35 años, pudiendo superar los 50 en cautividad.

LOS CANINOS
Los caninos del gorila macho están muy desarrollados y son semejantes a los de los carnívoros.

ALIMENTACIÓN
Los gorilas ocupan la mayor parte del día en recolectar alimentos y degustar tallos tiernos, hojas y frutas.

LOS CLANES
Los gorilas forman clanes de unos 20 individuos que siempre están liderados por un macho espalda plateada.

LA CRÍA
El pequeño gorila encuentra seguridad en los brazos de su madre, a la que recurre al más mínimo peligro.

EL DESCANSO
A la hora de descansar, suelen hacer un lecho de hojas y plantas donde acomodarse.

MONOS

Estos primates haplorrhinos engloban a los monos del Viejo Mundo (parvorden de los catarrinos) y del Nuevo Mundo (parvorden de los platirrinos) de menor tamaño que los simios hominoideos y caracterizados por poseer una cola por lo general prensil. Tienen costumbres diurnas y dieta vegetariana y omnívora. Los monos del Viejo Mundo comprenden especies de pequeño y mediano tamaño (1,10 m como máximo). Sus extremidades anteriores son más cortas que las posteriores y su cola muy desarrollada (salvo en la mona de Gibraltar, *Macaca sylvanus,* que es vestigial) no es prensil. Se distribuyen por África, sur de Europa y Asia. Por otro lado, los monos del Nuevo Mundo son de tamaño menor. Su cola, que no falta nunca, tiene tales cualidades prensiles que a veces se la conoce como quinta mano. De vida exclusivamente arborícola, los platirrinos encuentran su hábitat en un área que abarca desde México meridional hasta el norte de Argentina.

MACACO RHESUS Pm
Macaca mulatta
Suborden Haplorrhini
Familia Cercopithecidae
DISTRIBUCIÓN: Afganistán, Tailandia, China, Puerto Rico, Brasil, Estados Unidos (Florida)

MACACO JAPONÉS Pm
Macaca fuscata
Suborden Haplorrhini
Familia Cercopithecidae
DISTRIBUCIÓN: Japón

TAMARÍN CALVO Ep
Saguinus bicolor
Suborden Haplorrhini
Familia Callitrichidae
DISTRIBUCIÓN: Brasil

MONO ARAÑA NEGRO Vu
Ateles paniscus
Suborden Haplorrhini
Familia Atelidae
DISTRIBUCIÓN: centro y sur de América

CERCOPITECO VERVET Pm
Chlorocebus pygerythrus
Suborden Haplorrhini
Familia Cercopithecidae
DISTRIBUCIÓN: África subsahariana, Sudáfrica, Caribe

MONO ARDILLA Pm
Saimiri sciureus
Suborden Haplorrhini
Familia Cebidae
DISTRIBUCIÓN: Sudamérica

TAMARÍN DE CABEZA DORADA Ep
Leontopithecus chrysomelas
Suborden Haplorrhini
Familia Callitrichidae
DISTRIBUCIÓN: Brasil

CAPUCHINO DE CABEZA DURA Pm
Cebus apella
Suborden Haplorrhini
Familia Cebidae
DISTRIBUCIÓN: Brasil (Amazonas)

TITÍ COMÚN Pm
Callithrix jacchus
Suborden Haplorrhini
Familia Callitrichidae
DISTRIBUCIÓN: Brasil

TITÍ DE GEOFFROY Pm
Callithrix geoffroyi
Suborden Haplorrhini
Familia Callitrichidae
DISTRIBUCIÓN: Brasil

SAKÍ NEGRO Cr
Chiropotes satanas
Suborden Haplorrhini
Familia Pitheciidae
DISTRIBUCIÓN: Brasil
(Amazonas), Guyanas

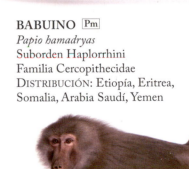

MONA DE GIBRALTAR Ep
Macaca sylvanus
Suborden Haplorrhini
Familia Cercopithecidae
DISTRIBUCIÓN:
Gibraltar, Algeria,
Túnez, Marruecos

TITÍ CABECIBLANCO Cr
Saguinus Oedipus
Suborden Haplorrhini
Familia Callitrichidae
DISTRIBUCIÓN:
Colombia

BABUINO Pm
Papio hamadryas
Suborden Haplorrhini
Familia Cercopithecidae
DISTRIBUCIÓN: Etiopía, Eritrea,
Somalia, Arabia Saudí, Yemen

OTRAS ESPECIES

LANGUR JASPEADO Ep
Pygathrix nemaeus
Suborden Haplorrhini
Familia Cercopithecidae
DISTRIBUCIÓN: Vietnam, Camboya,
China

MANDRIL Vu
Mandrillus sphinx
Suborden Haplorrhini
Familia Cercopithecidae
DISTRIBUCIÓN: Camerún, Guinea
Ecuatorial, Gabón

UACARÍ CALVO Vu
Cacajao calvus
Suborden Haplorrhini
Familia Pitheciidae
DISTRIBUCIÓN: este de Brasil y
Amazonas, Colombia, Perú

TITÍ PIGMEO Pm
Callithrix pygmaea
Suborden Haplorrhini
Familia Callitrichidae
DISTRIBUCIÓN: Brasil,
Ecuador, Colombia, Perú,
norte de Bolivia

ROEDORES Y LAGOMORFOS

LOS ROEDORES SON EL ORDEN DE MAMÍFEROS CON MAYOR NÚMERO DE ESPECIES Y DURANTE SIGLOS LOS CONEJOS ENGROSARON SUS LISTAS, PERO ESTOS ÚLTIMOS PERTENECEN A ÓRDENES DISTINTOS PESE A COMPARTIR HÁBITOS Y CARACTERÍSTICAS.

Una de las diferencias más acusadas entre roedores y conejos es que estos últimos poseen dos pares de incisivos en lugar del único par de los roedores. Sin embargo, en ambos grupos estos dientes crecen continuamente. De modo que comparten su avidez por roer con el fin de desgastar esa dentadura que no tiene fin. Esta característica junto a su estilo de vida terrestre, alimentación vegetariana y una reproducción exitosa llevaron a los zoólogos de hace dos siglos a clasificarlos como roedores.

ROEDORES

Los roedores están repartidos por todo el globo, excepto en la Antártida. Se pueden encontrar desde los desiertos más secos y calurosos hasta la congelada tundra ártica. Anatómicamente hablando no puede

Comunidad de perritos de las praderas de cola negra (*Cynomys ludovicianus*).

Hámster ruso (*Phodopus sungorus*).

concretarse demasiado su aspecto externo pues este orden, tan riquísimo en especies, presenta las formas más diversas, si bien todos tienen un cuerpo compacto, cilíndrico y con patas cortas. Son plantígrados pues se apoyan en sus plantas para caminar. La mayoría de los roedores son pequeños, aunque unas pocas especies son de gran tamaño, como el capibara que puede llegar a pesar 60 kg y medir un metro de largo y medio de alto. Como ya hemos visto, lo característico de estos animales son sus dientes: unos cortantes incisivos que crecen continuamente y les permiten roer la materia vegetal más dura, como las cáscaras de los frutos, semillas y cortezas de árboles, con las que a su vez logran erosionar los dientes para mantener su filo.

Salvo pocas excepciones los roedores son muy sociables y forman estructuras sociales complejas y numerosas. Algunos, como los perrillos de las praderas, construyen redes de madrigueras que son verdaderas ciudades subterráneas. Son reproductores prolíficos. En la mayoría de las especies la gestación dura unos 20 días y la camada (en torno a la decena) madura a los dos o tres meses de edad volviéndose a reproducir. El crecimiento de las poblaciones de roedores es vertiginoso y sería insostenible de no ser porque son el sustento de la mayoría de los animales carnívoros. Aún así, en los hábitats relacionados con los humanos los roedores se convierten en plagas capaces de afectar a la economía y a la salud de los seres humanos.

LAGOMORFOS

Los conejos, las liebres y las picas no tienen una distribución tan amplia como los roedores. Faltan en Oceanía (aunque fueron introducidos en Australia), el archipiélago Malayo, Madagascar y el sur de Sudamérica. Constituyen la base

DIVISIÓN

Filo:	Chordata
Clase:	Mammalia
Orden:	Rodentia
Familia:	33
Especies:	2.000
Orden:	Lagomorpha
Familia:	2
Especies:	80

Los dientes de los roedores nunca dejan de crecer, por lo que deben estar royendo frecuentemente para mantenerlos a cierto nivel. En la imagen, un coipú (*Myocastor coypus*).

Los castores talan árboles finos y construyen presas para mantener sus cabañas rodeadas de agua, protegidos de los depredadores.

alimenticia de carnívoros y rapaces, e incluso el hombre aprecia su carne. Poseen dos pares de incisivos: un par delantero que crece continuamente (como el de los roedores) y otro par secundario no funcional llamados dientes de sujeción. Se alimentan fundamentalmente de pasto y de otras especies vegetales, por lo que poseen un aparato digestivo especialmente diseñado para procesar grandes cantidades de materia vegetal. Liebres y conejos tienen largas orejas y ojos dispuestos a ambos

lados de la cabeza. Las extremidades posteriores son largas y adaptadas para correr, estrategias anatómicas que facilitan la localización y huída de sus depredadores. Al igual que los roedores, tienen una maduración sexual muy temprana; especies como el conejo europeo pueden reproducirse con sólo tres meses de edad. Tras un periodo de gestación de 30 o 40 días dan a luz a una camada de 6-10 crías. Además poseen otra peculiaridad: la ovulación es inducida por la copulación, por lo que pueden concebir otra camada incluso antes de dar a luz a la primera. La mayor parte de los conejos y liebres no son territoriales ni forman comunidades, salvo el conejo europeo que excava madrigueras y establece grupos estables.

Liebres y conejos, principal sustento de rapaces y mamíferos carnívoros, intentan zafarse del cazador corriendo a grandes saltos y en zigzag.

GRUPOS (de roedores y conejos)

ORDEN: **Rodentia**
SUBÓRDENES: **Anomaluromorpha**
(liebre del Cabo, ardillas de cola escamosa)
   Castorimorpha (castores, ratas canguro, tuzas)
   Hystricomorpha (ratas, de rocas, ratas topo, cavias, jutias, puercoespines, chinchillas)
   Myomorpha (jerbos, hámsteres, ratas, ratones)
   Sciuromorpha (castor de montaña, lirones, ardillas, perritos de las praderas, marmotas)
ORDEN: **Lagomorpha**
FAMILIAS: **Ochotonidae** (picas)
   Leporidae (conejos y liebres)

ROEDORES Y CONEJOS

Un roedor será fácil de reconocer… si abre la boca, pues lo más llamativo de este orden son sus dos grandes y gruesos dientes incisivos y su carencia de caninos. Los conejos, aunque de orden distinto (lagomorfos), también comparten esos incisivos, pero en número doble, que crecen continuamente. Ambos grupos son reproductores prolíficos y abundan allí donde haya alimento suficiente. Los roedores habitan en todos los lugares del mundo, salvo la Antártida y Nueva Zelanda, y su límite es la presencia de vegetación. Cuanto más rica sea la vegetación, más numerosa será la población de roedores. Casi todos son vivaces y ágiles, y su tamaño es de lo más diverso. Por su parte, los lagomorfos tienen una distribución algo menor: están ausentes en el sur de Sudamérica, India oriental e Indonesia, y en Australia fueron introducidos por el hombre. Con sus patas traseras, muy largas, pueden imprimir gran velocidad; esto resulta bastante ventajoso cuando eres el plato principal de aves rapaces y de carnívoros.

ARDILLA ROJA Pm
Sciurus vulgaris
Orden Rodentia
DISTRIBUCIÓN:
Europa, norte de Asia

ARDILLA MORUNA Pm
Atlantoxerus getulus
Orden Rodentia
DISTRIBUCIÓN: oeste del
Sáhara, Marruecos,
Argelia

COENDÚ GRANDE Pm
Coendou prehensilis
Orden Rodentia
DISTRIBUCIÓN:
Venezuela, Brasil,
Guyanas, Bolivia,
Trinidad

PUERCOESPÍN NORTEÑO Pm
Erethizon dorsatum
Orden Rodentia
DISTRIBUCIÓN:
América del norte
y central

OTRAS ESPECIES

CONEJO EUROPEO A
Oryctolagus cuniculus
Orden Lagomorpha
DISTRIBUCIÓN: América,
suroeste de Europa, noroeste
de África, Nueva Zelanda

GERBILLO DE MONGOLIA Pm
Meriones unguiculatus
Orden Rodentia
DISTRIBUCIÓN: Mongolia,
sur de Siberia, norte de
China

LIEBRE DE MONTAÑA Pm
Lepus timidus
Orden Lagomorpha
DISTRIBUCIÓN: Europa, Japón

MARA DE LA PATAGONIA A
Dolichotis patagonum
Orden Rodentia
DISTRIBUCIÓN: Argentina

MARMOTA ALPINA Pm
Marmota marmota
Orden Rodentia
DISTRIBUCIÓN: cordillera de los
Alpes

COIPO Pm
Myocastor coypus
Orden Rodentia
DISTRIBUCIÓN: norte y sur
de América, Europa, norte
de Asia, este de África

LIEBRE EUROPEA Pm
Lepus europaeus
Orden Lagomorpha
DISTRIBUCIÓN: Europa, este de Asia, sur
de Sudamérica, sur de Canadá, norte de
Estados Unidos, Australia, Nueva
Zelanda

LIEBRE SALTADORA Pm
Pedetes capensis
Orden Rodentia
DISTRIBUCIÓN:
Kenia, Zaire,
Sudáfrica

CHINCHILLA Cr
Chinchilla lanigera
Orden Rodentia
DISTRIBUCIÓN:
norte de Chile

ARDILLA DE SIBERIA Pm
Eutamias sibiricus
Orden Rodentia
DISTRIBUCIÓN: norte de Asia,
este de Europa

**RATÓN ESPINOSO
DORADO** Pm
Acomys russatus
Orden Rodentia
DISTRIBUCIÓN:
sur de Oriente
Medio

**ARDILLA LISTADA
DEL ESTE** Pm
Tamias striatus
Orden Rodentia
DISTRIBUCIÓN: Nueva
Escocia (Canadá), sur de
Estados Unidos

HÁMSTER DORADO Vu
Mesocricetus auratus
Orden Rodentia
DISTRIBUCIÓN:
Oriente Medio

HÁMSTER COMÚN Pm
Cricetus cricetus
Orden Rodentia
DISTRIBUCIÓN: Europa

LIRÓN CARETO A
Eliomys quercinus
Orden Rodentia
DISTRIBUCIÓN: Europa,
Asia, norte de África

TOPILLO Pm
Microtus pinetorum
Orden Rodentia
DISTRIBUCIÓN:
Estados Unidos

RATÓN ESPIGUERO Pm
Micromys minutus
Orden Rodentia
DISTRIBUCIÓN: Europa,
norte de Asia

COBAYA Pm
Cavia porcellus
Orden Rodentia
DISTRIBUCIÓN: no
vive en estado salvaje

RATÓN DE CAMPO Pm
Apodemus
Orden Rodentia *sylvaticus*
DISTRIBUCIÓN: Europa,
cuenca Mediterránea

OTRAS ESPECIES

**ARDILLA DE TIERRA DE
WYOMING** Pm
Spermophilus elegans
Orden Rodentia
DISTRIBUCIÓN: oeste de Estados
Unidos

CAPIBARA Pm
Hydrochoerus hydrochaeris
Orden Rodentia
DISTRIBUCIÓN: Sudamérica

DEGÚ Pm
Octodon degus
Orden Rodentia
DISTRIBUCIÓN: Chile, Perú

HÁMSTER DEL DESIERTO Pm
Phodopus roborovskii
Orden Rodentia
DISTRIBUCIÓN: Mongolia, Rusia,
Kazajstán, China

PERRITO DE LA PRADERA Pm
Cynomys ludovicianus
Orden Rodentia
DISTRIBUCIÓN: Norteamérica

PICA Pm
Ochotona princeps
Orden Lagomorpha
DISTRIBUCIÓN: oeste de Estados
Unidos

PUERCOESPÍN DEL CABO Pm
Hystrix africaeaustralis
Orden Rodentia
DISTRIBUCIÓN: África subsahariana

RATÓN CIERVO Pm
Peromyscus maniculatus
Orden Rodentia
DISTRIBUCIÓN: Norteamérica

RATÓN COMÚN Pm
Mus musculus
Orden Rodentia
DISTRIBUCIÓN: en casi todo el mundo,
excepto zonas polares

**RATÓN DE PATAS
BLANCAS** Pm
Peromyscus leucopus
Orden Rodentia
DISTRIBUCIÓN: Estados Unidos,
México, sur de Canadá

RATA PARDA Pm
Rattus norvegicus
Orden Rodentia
DISTRIBUCIÓN: China, Japón

MAMÍFEROS ACUÁTICOS

EL ASPECTO DE LOS CETÁCEOS Y MANATÍES PUEDE PARECER VOLUMINOSO, PESADO Y TORPE, Y LO ES FUERA DEL AGUA PORQUE LAS FORMAS DE ESTOS MAMÍFEROS HAN EVOLUCIONADO HACIA MORFOLOGÍAS HIDRODINÁMICAS QUE LES CONVIERTEN EN AUTÉNTICOS REYES DEL MEDIO ACUÁTICO.

DIVISIÓN	
Filo:	Chordata
Clase:	Mammalia
Orden:	Sirenia
Familia:	2
Especies:	4
Orden:	Cetacea
Familia:	14
Especies:	85

Los delfines son cetáceos.

El registro fósil indica que los cetáceos evolucionaron a partir de arctiodáctilos. Por otro lado, la filogenia muestra a los sirénidos próximos a los elefantes, por lo que ambos órdenes comparten en realidad sólo el medio donde viven: el agua. Estos animales comprenden mamíferos que están totalmente adaptados a la vida acuática. Es decir, nunca salen a tierra para realizar actividad o función alguna. Se alimentan, aparean y reproducen en el agua. Pero sus coincidencias terminan aquí.

SIRÉNIDOS

Este orden comprende a dos familias: la del dugongo y la del manatí. El dugongo (*Dugong dugong*) es sobre todo marino y se mueve por las costas septentrionales australianas, de los archipiélagos indo-malayos, océano Índico, mar Rojo y costa este africana. Al manatí lo podemos encontrar tanto en las costas del archipiélago caribeño, el manatí del Caribe (*Trichechus manatus*); en cursos fluviales amazónicos, el manatí del Amazonas (*Trichechus inunguis*), como en hábitats costeros y en estuarios, o en ríos de la costa oeste de África, el manatí africano (*Trichechus senegalensis*).

Los sirénidos pueden alcanzar tallas de 4,6 m y hasta 1.600 kg de peso. Se alimentan exclusivamente de materia vegetal, sólo marina en el caso de los dugongos, y también dulceacuícola en el caso de los manatíes. Alimentarse con plantas acuáticas presenta un problema, ya que contienen mucho sílice que termina por desgastar las piezas dentales. Los manatíes han solventado el problema perdiendo las piezas frontales desgastadas y reemplazándolas por otras nuevas que salen en última posición y que desplazan hacia delante al resto. La cabeza es grande con ojos pequeños y pequeñas aberturas auriculares. No ven muy bien, pero su oído es finísimo. La boca posee unos labios

Los mamíferos acuáticos tienen respiración pulmonar por lo que necesitan subir a la superficie para respirar. Para facilitar esta acción, los sirénidos tienen las fosas nasales dirigidas hacia arriba y los cetáceos poseen los espiráculos en la parte superior de la cabeza.

gruesos recubiertos de pelos rígidos con los que selecciona las plantas que come. Su tasa de reproducción es baja, pues tienen un periodo de gestación de unos 12 meses y, cada dos años aproximadamente, paren a una sola cría que amamantan durante 12 o 18 meses. Los sirénidos son solitarios, aunque pueden formar grupos de 10 o 12 individuos de forma ocasional.

CETÁCEOS

El orden de los cetáceos alberga a los delfines y a los animales más grandes del mundo: las ballenas. Sólo en un medio como el agua es posible que las ballenas más grandes alcancen su colosal tamaño. Dos tercios del planeta son océanos y mares, por lo que disponen de espacio suficiente. Además, el agua les proporciona ingravidez que impide que puedan morir aplastadas por su propio peso.

En su adaptación al medio marino, delfines y ballenas han conseguido parecerse a los peces. Poseen un cuerpo fusiforme, alargado, con las extremidades delanteras modificadas en forma de aletas (las traseras han desaparecido y en su lugar cuentan con una aleta caudal) y de tamaños que abarcan desde 1,4 m y 50 kg de la marsopa común (*Phocoena phocoena*), a los 27 m y 150 toneladas de la ballena azul (*Balaenoptera musculus*). En la parte superior de la cabeza tienen las fosas nasales o espiráculos, en número de dos en el caso de las ballenas con barbas y uno en las ballenas dentadas. Según el tipo de alimentación, se dividen en dos grupos: ballenas con barbas (misticetos) y ballenas y delfines con dientes (odontocetos). Las barbas sustituyen a los dientes en dos filas de placas córneas que cuelgan de la parte superior de la boca. Las utilizan para filtrar el agua y en ellas quedan retenidos el plancton y otros crustáceos microscópicos, llamados krill, de los que se alimentan estos gigantes del mar. Las ballenas y delfines con dientes se alimentan de peces; y las orcas, de calamares y vertebrados marinos como focas, nutrias y pingüinos. Y poseen un único orificio nasal ubicado en la parte superior de la cabeza.

A pesar de pasar toda su vida bajo el agua, deben subir a la superficie a respirar. El aire que aspiran no se acumula en los pulmones, pues estos se colapsan para que no sean dañados por la presión de la inmersión. Acumulan el oxígeno en los tejidos y músculos, ricos en mioglobina, que nutrirán a los órganos más vitales de este gas durante la inmersión. Pueden aguantar bajo el agua largos periodos de tiempo, más de una hora en el caso de los cachalotes. El periodo de gestación abarca los 10-13 meses en el caso de los cetáceos que se alimentan con plancton y hasta 16 meses en el resto. Paren bajo el agua a una sola cría que amamantarán durante un periodo comprendido entre 10 y 14 meses.

GRUPOS (de cetáceos y sirénidos)

ORDEN: Cetacea
FAMILIAS:
- **Balaenidae** (ballenas francas)
- **Balaenopteridae** (rorcuales, yubarta, ballena azul)
- **Eschrichtiidae** (ballenas grises)
- **Neobalaenidae** (ballena franca pigmea)
- **Delphinidae** (delfines y orcas)
- **Lipotidae** (delfín del Yang-tsé)
- **Iniidae** (delfín del Amazonas)
- **Platanistidae** (delfín del Ganges)
- **Pontoporidae** (delfín del Indo, delfín de La Plata)
- **Phocoenidae** (marsopas)
- **Physeteridae** (cachalote)
- **Kogiidae** (cachalotes pigmeos)
- **Ziphiidae** (zífidos)
- **Monodontidae** (beluga, narval)

ORDEN: Sirenia
FAMILIAS:
- **Dugongidae** (dugongo)
- **Trichechidae** (manatíes)

Delfines, orcas, calderones y cachalotes pertenecen al grupo de los cetáceos con dientes que se alimentan de peces y calamares y de otros vertebrados de mayor tamaño, como focas y pingüinos, en el caso de las orcas *(Orcinus orca)*.

CETÁCEOS Y SIRÉNIDOS

Los órdenes de los cetáceos y sirénidos son un claro ejemplo de la casi total conquista del medio acuático por parte de los mamíferos. Aunque no llega a ser completa por un pequeño pero importantísimo detalle: estos animales precisan salir a la superficie para respirar. Por lo demás, realizan todas su funciones vitales y sociales en el agua. Ambos tienen cuerpos hidrodinámicos, con extremidades transformadas en aletas, y aguantan largos periodos de tiempo bajo el agua, pero mientras los primeros (ballenas, cachalotes, delfines) tienen una alimentación carnívora, los segundos (dugongos, manatíes) son estrictamente vegetarianos. Lamentablemente, los representantes de ambos órdenes comparten otra característica: su supervivencia se encuentra seriamente amenazada por la actividad humana. Los grandes cetáceos siguen siendo objeto de caza para algunos países, mientras que los pequeños son atrapados por error en las redes de pesca. Por otro lado, la contaminación y las heridas, en ocasiones mortales, provocadas por las hélices de embarcaciones suponen una merma fatal para la reducida población de manatíes.

DELFÍN MULAR Pm
Tursiops truncatus
Orden Cetacea
DISTRIBUCIÓN: aguas templadas y tropicales

DUGONGO Vu
Dugong dugong
Orden Sirenia
DISTRIBUCIÓN: Pacífico Sur, océano Índico

NARVAL A
Monodon monoceros
Orden Cetacea
DISTRIBUCIÓN: aguas árticas

MANATÍ DE FLORIDA Ep
Trichechus manatus latirostris
Orden Sirenia
DISTRIBUCIÓN: aguas del sudeste de Estados Unidos, Antillas, aguas de Centroamérica

DELFÍN DE HOCICO LARGO Pm
Stenella longirostris
Orden Cetacea
DISTRIBUCIÓN: aguas
templadas y tropicales

ORCA Pc
Orcinus orca
Orden Cetacea
DISTRIBUCIÓN: aguas templadas hasta
el límite de los Polos

RORCUAL ALIBLANCO Pm
Balaenoptera acutorostrata
Orden Cetacea
DISTRIBUCIÓN: en todos los océanos

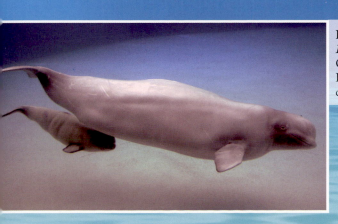

BELUGA Pc
Delphinapterus leucas
Orden Cetacea
DISTRIBUCIÓN: aguas
de Alaska

YUBARTA Pm
Megaptera novaeangliae
Orden Cetacea
DISTRIBUCIÓN: en todos los océanos

YUBARTA O BALLENA JOROBADA

Megaptera novaeangliae
Orden: Cetacea
Familia: Balaenopteridae

Este rorcual se distingue por sus enormes aletas pectorales y por presentar nudosidades en diversas partes del cuerpo. Acostumbra a brincar fuera del agua en un impresionante salto impulsada por su enorme aleta caudal. Los motivos de su salto no están muy claros, pero resulta espectacular ver sus 35 toneladas salir despedidas fuera del agua. Difundida por todos los mares del mundo, se divisa también junto a la costas. Realizan numerosas migraciones en busca de alimento o de lugares de cría apropiados. En sus desplazamientos pueden llegar a recorrer 25.000 km al año.

TAMAÑO: 12-16 m de longitud; peso: 35 toneladas.

Ballena jorobada o yubarta en uno de sus impresionantes saltos.

DISTRIBUCIÓN: Todos los océanos y mares del mundo.

El ballenato puede pesar 2 toneladas al nacer y acompañará a su madre en su migración hacia aguas más frías.

Los surcos de su parte ventral, entre 12 y 36, se inflan como si fuera un fuelle permitiéndole la entrada de cuantiosas cantidades de agua que luego filtrará.

ANATOMÍA

Presenta el cuerpo ligeramente arqueado a lo largo del dorso y adelgazado hacia la parte posterior. Tiene la piel negra o azul oscura en la zona superior, con una callosidad en la base de la aleta dorsal que varía en su forma y tamaño, y puede ser plana, alta o triangular. En su parte ventral posee unos surcos o pliegues blancos que se extienden al comer como si fuera un fuelle. La yubarta posee también las aletas más grandes del reino animal. Son aserradas y con protuberancias de color blanco hacia la parte inferior. Tiene dos filas de barbas queratinosas, cuya cantidad puede variar de 250 a 400. La cabeza supone un cuarto de su longitud total y en su parte superior se encuentran las dos fosas nasales o espiráculos. Las hembras son más grandes que los machos, algo inusual en los mamíferos.

ALIMENTACIÓN

Durante el verano las yubartas migran a las aguas frías polares ricas en alimento. Para atraparlo varios individuos cooperan emitiendo por sus espiráculos cortinas de burbujas de aire que actúan de red, y nadan con la boca abierta hacia la superficie a través de bancos de peces pequeños, krill y plancton. Junto a ellos engulle gran cantidad de agua que, al cerrar la boca, es empujada contra la parte superior de la misma, por lo que el agua se filtra a través de las barbas donde se queda atrapado el alimento.

La cola de la ballena jorobada es aserrada, al igual que las aletas.

La yubarta se alimenta de grandes cantidades de pequeñas presas que atrapa con sus barbas.

Las verrugas de la punta de su boca son características de esta especie de ballena con barbas.

COMPORTAMIENTO SOCIAL

Durante el invierno las yubartas migran hacia aguas tropicales donde se aparean y dan a luz. Los machos se reúnen junto a las hembras y compiten entre ellos persiguiéndose e intentando separar a las parejas. Una estrategia de seducción por parte de los machos es el canto, el cual se basa en una serie de registros variados y de distintas intensidades que los machos solitarios repiten en largas canciones de 10 minutos, y que pueden interpretar durante 24 horas hasta que logran atraer a una hembra. Tras copular el macho no permanece junto a la hembra mucho

tiempo. El periodo de gestación dura de 10 a 12 meses, tras el cual la hembra pare a un ballenato que pesa unas 2 toneladas y tiene un tercio del tamaño de su madre. El ballenato acompaña a la hembra en su migración hacia aguas más frías. Se alimenta a través de uno de sus dos pezones con una leche que posee un 46% de materia grasa. Es tan nutritiva que puede llegar a ganar 90 kg en un día. El destete se produce a los ocho meses, cuando ya debe haber alcanzado una longitud de 10 m.

MURCIÉLAGOS E INSECTÍVOROS

AUNQUE LA TAXONOMÍA ACTUAL LES SEPARA EN MUY DIVERSOS ÓRDENES, A LOS ANIMALES QUE HEMOS AGRUPADO EN ESTAS PÁGINAS LES UNEN SUS GUSTOS CULINARIOS: LOS INSECTOS. SON DE TAMAÑO PEQUEÑO, PERO SU LABOR ES ENCOMIABLE PORQUE AYUDAN A REGULAR LAS POBLACIONES DE INSECTOS IMPIDIENDO QUE ESTOS SE CONVIERTAN EN AUTÉNTICAS PLAGAS.

<table>
<tr><td colspan="2">DIVISIÓN</td></tr>
<tr><td>Filo:</td><td>Chordata</td></tr>
<tr><td>Clase:</td><td>Mammalia</td></tr>
<tr><td>Orden:</td><td>Chiroptera</td></tr>
<tr><td>Familias:</td><td>18</td></tr>
<tr><td>Especies:</td><td>1.100</td></tr>
<tr><td colspan="2">(Antiguo Orden: Insectivora)</td></tr>
<tr><td>Orden:</td><td>Erinaceomorpha, Soricomorpha, Afrosoricida, Macroscelidea y Scandentia</td></tr>
<tr><td>Familias:</td><td>9</td></tr>
<tr><td>Especies:</td><td>457</td></tr>
</table>

El topo común (*Talpa europaea*), perteneciente al orden de los soricomorfos, tiene un gran olfato.

MURCIÉLAGOS

Son los únicos mamíferos que han conquistado el aire porque pueden volar (otras especies sólo planean). Los murciélagos pertenecen al orden Chiroptera y representan un cuarto de las especies de mamíferos existentes. Son numerosísimos y están distribuidos por todo el mundo, salvo en las regiones polares. La mayoría de las especies son insectívoras, aunque también las hay frugívoras, carnívoras y las que se alimentan de sangre, los auténticos vampiros.

Su anatomía es muy peculiar porque están morfológicamente adaptados al vuelo. Los huesos del brazo y de la mano han evolucionado hasta convertirse en herramientas que sostienen las alas. Estas consisten en una doble capa de piel que se extiende entre los costados y cuatro dedos hiperdesarrollados de la mano, mientras que el pulgar queda libre. Otra peculiaridad del murciélago es que descansa siempre colgado cabeza abajo, enganchado fuertemente con sus pies para no caerse.

Son nocturnos y pueden alcanzar en vuelo velocidades de 50 km/h. Atrapan sus presas en pleno vuelo y en total oscuridad gracias a su sistema de ecolocalización, por el cual los murciélagos emiten ultrasonidos que rebotan en el insecto o la superficie que se interponga entre ellos. Los ultrasonidos rebotados son recogidos por sus sofisticadas orejas que les permiten recrear un mapa mental de los objetos que tiene ante ellos.

La mayoría de los murciélagos hiberna, por lo que sólo tienen un ciclo reproductivo por año. Por su parte, los de regiones tropicales pueden tener hasta cuatro ciclos en un año. Las hembras pueden detener el momento del parto y hacerlo coincidir con épocas de abundancia de comida. La mayoría dan a luz a una sola cría a la que amamanta de 30 a 40 días. Suelen agruparse en colonias de cría llegando a contabilizarse millares de individuos.

INSECTÍVOROS

Insectivora es el antiguo nombre que designaba el orden que reunía a topos, musarañas, erizos, tupayas y musarañas elefantes. Pero las últimas investigaciones de los zoólogos los separan en órdenes diferentes:

• ERINACEOMORPHA: engloba a los erizos, pequeños mamíferos, de unos 15-27 cm y hasta 1 kg de peso, que están cubiertos de púas afiladas que les sirven de protección ante el ataque de sus

La musaraña elefante de orejas cortas (*Macroscelides proboscideus*) es un pequeño mamífero que puede confundirse con las musarañas pero posee un fino hocico móvil a modo de trompa.

depredadores. Habitan en bosques y campos de Europa, África y América. Se alimentan de insectos y pequeños invertebrados.

• SORICOMORPHA: pertenecen a este orden musarañas y topos. Entre las musarañas se encuentra el mamífero más pequeño, la musaraña pigmea (*Suncus etruscus*). Su tamaño varía desde los 3,5 cm a los 15 cm y de los 2 g a los 106 g. Se parecen a los ratones, pero tienen el hocico mucho más afilado, al igual que sus minúsculos dientes. Se encuentran en Europa, Asia, África y América del Norte. Poseen un metabolismo muy rápido: su corazón

NOCTULO COMÚN Pm
Nyctalus noctula
Orden Chiroptera
DISTRIBUCIÓN: Europa, Asia

ZORRO VOLADOR Cr
Pteropus rodricensis
Orden Chiroptera
DISTRIBUCIÓN: oeste de
océano Índico, Mauricio (sobre
todo en isla Rodrigues)

**MURCIÉLAGO
OREJUDO** Pm
Plecotus austriacus
Orden Chiroptera
DISTRIBUCIÓN: Eurasia,
norte de África

**MUSARAÑA
ELEFANTE** Pm
Macroscelides proboscideus
Orden Macroscelidea
DISTRIBUCIÓN: Botswana,
Namibia, Sudáfrica

MAMÍFEROS SINGULARES
(MARSUPIALES, MONOTREMAS, TUBULIDENTADOS Y XENARTRAS)

LA SINGULARIDAD DE ESTOS ANIMALES CORRESPONDE A CARACTERÍSTICAS BIOLÓGICAS Y FILOGENÉTICAS QUE LOS DIFERENCIA DE LA MAYORÍA DE MAMÍFEROS ANTERIORMENTE VISTOS. ALGUNOS SON TAN RAROS QUE SON ÚNICOS EN SU GÉNERO, PERO RESPONDEN A ADAPTACIONES EVOLUTIVAS EXITOSAS, POR ESO HEMOS LLEGADO A CONOCERLOS.

El equidna tiene unas patas cortas.

El ornitorrinco es monotrema.

DIVISIÓN

Filo:	Chordata
Clase:	Mammalia
Orden:	Monotremata
Familias:	2
Especies:	3
Superorden:	Xenarthra
Orden:	Pilosa y Cingulata
Familias:	5
Especies:	30
Infraclase:	Marsupialia
Orden:	7
Familias:	18
Especies:	289
Orden:	Tubulidentata
Familias:	1
Especies:	1

MONOTREMAS U OVÍPAROS

Corresponden a un orden de mamíferos, Monotremata, y son muy primitivos pues poseen rasgos de reptiles: son los únicos mamíferos que ponen huevos. Sin embargo, alimentan a sus crías con leche. Son monotremas el ornitorrinco y el equidna que se caracterizan por tener el cuerpo pequeño y las patas cortas. Su cara termina en un pico: plano como de pato en el ornitorrinco, y cilíndrico en el equidna. Tienen úteros separados y tanto el tracto digestivo como reproductor desembocan en una cámara común: la cloaca.

El ornitorrinco es de costumbres acuáticas; se alimenta de invertebrados que viven en arroyos y ríos, y sus pies son palmeados. Una tupida capa de pelo impermeable recubre su cuerpo. En sus tobillos traseros posee un espolón capaz de inocular veneno. Pone uno o dos huevos que eclosionan a los diez días. Las crías permanecen en una madriguera y se alimentan de la leche materna que escurre entre los pelos del vientre, pues no poseen mamas.

El equidna posee un cuerpo recubierto de espinas y un hocico tubular que alberga una lengua pegajosa con la que atrapa hormigas, termitas y lombrices de tierra. Pone un único huevo que eclosiona a los diez días y la cría se alimenta de la leche acomodada en un pliegue ventral a modo de bolsa.

Los monotremas comprenden dos familias: Ornithorhynchidae (ornitorrinco) Tachyglossidae (equidna).

XENARTRAS O DESDENTADOS

Los osos hormigueros, armadillos y perezosos pertenecen al superorden Xenarthra que se distribuye por América central y del sur. Se caracteriza por ser un grupo de mamíferos placentarios que poseen unas articulaciones (xenartrales) entre las vértebras lumbares que sirven como refuerzo lumbar a la hora de excavar. La hembra posee un útero doble parecido al de los marsupiales. Los xenartros eran conocidos también por el nombre común de desdentados, ya que sus miembros o carecen de dientes o los poseen en número reducido y de desarrollo incompleto. Los osos hormigueros tienen un hocico extremadamente largo que desemboca en una boca pequeña. Pero tienen una lengua muy larga, que puede medir 60 cm, con la que atrapan hormigas y termitas. Los perezosos son famosos por su lentitud, y es que han desarrollado un metabolismo muy lento, al igual que los osos hormigueros y los armadillos, debido a la escasa energía que aportan sus dietas, hojas en el caso del perezoso. Este lleva una vida totalmente arborícola, sus uñas increíblemente largas le proporcionan un agarre seguro y eficaz y sólo bajará al suelo si es estrictamente necesario. Por su parte, los armadillos tienen un robusto caparazón compuesto de placas óseas recubiertas de piel endurecida. Cuando se enrollan sobre sí mismos y se convierten en bolas de defensa, la armadura es totalmente inexpugnable. Son insectívoros y consiguen sus presas removiendo la tierra con sus desarrolladas uñas.

Perezoso de tres dedos. Abajo en la página siguiente, un armadillo (*Dasypus novemcinctus*).

Existen dos órdenes de Xenartras:
Pilosa (osos hormigueros y perezosos)
Cingulata (armadillos)

MARSUPIALES

Los marsupiales son un grupo de animales que se caracterizan por carecer de placenta y tener un corto desarrollo embrionario en el útero materno que se completa en el exterior. El nombre se debe al marsupio, una bolsa que posee la madre y que contiene las tetillas de las que mamará la cría, nacida prematuramente, hasta que sea completamente autónoma. Su distribución está restringida a Australasia y Sudamérica. Representan un grupo pequeño de mamíferos, comparado con el resto, que es placentario. Sin embargo, muestran una gran diversidad de especies que ocupan muchos nichos ecológicos: existen marsupiales herbívoros, insectívoros, frugívoros y carnívoros, y de tamaños que van desde los 5 cm de un ratón marsupial hasta los 1,65 m del canguro rojo.

Los marsupiales son un antiguo orden que en la actualidad tiene la categoría taxonómica de infraclase, la cual engloba siete órdenes:

Didelphimorphia (zarigüeya americana)
Paucituberculata (ratón musaraña)
Microbiotheria (monito del monte)
Dasyuromorphia (dunarts, ratones marsupiales)
Peramelemorphia (bandicuts, bilbies)
Notoryctemorphia (topos marsupiales)
Diprotodontia (canguros, ualabíes, koalas, petauros, wombats)

TUBULIDENTADOS

El cerdo hormiguero es la única especie viva que representa al orden Tubulidentata. Se trata de un extraño animal de hábitos nocturnos ampliamente difundido por el África subsahariana. Tiene un hocico largo y tubular parecido al del cerdo, orejas grandes y largas como las de una liebre, y garras fuertes para excavar termiteros de los que se alimenta y madrigueras donde refugiarse. Sólo existe una familia, Orycteropodidae, con una única especie, *Orycteropus afer*.

OTROS MAMÍFEROS
MARSUPIALES, OSOS HORMIGUEROS, ARMADILLOS…

La distribución de estos animales es bastante restringida si la comparamos con la mayoría de los mamíferos que suelen tener representantes en casi todos los continentes, por eso nos resultan tan exóticos. Pero además poseen características físicas que les alejan del común de los animales que nos es más conocido. Los armadillos con su peculiar coraza ósea, los osos hormigueros y tamandúas con su característica boca tubular, o la increíble lentitud de los perezosos hacen que estos animales obtengan el merecido calificativo de insólitos o singulares. Por otro lado, los marsupiales pertenecen a un grupo reproductivo mucho menor que el de los placentarios. Sin embargo, comprende especies de forma, género de vida y tipo biológico muy distintos que, en la mayoría de los casos, cuenta con un equivalente placentario. Es decir, estos animales han evolucionado de forma convergente con los placentarios, puesto que han tenido que adaptarse a entornos similares. Por ejemplo, el petauro de azúcar (*Petaurus breviceps*) guarda un gran parecido anatómico con la ardilla voladora americana (*Glaucomys volans*); y, aunque el canguro y el caballo a simple vista no son iguales, estos dos herbívoros tienen una dentadura muy parecida y ambos presentan una tendencia a la reducción o fusión de los dedos característica de los herbívoros.

MULITA, ARMADILLO [Pm]
Dasypus novemcinctus
Superorden Xenarthra
Orden Cingulata
DISTRIBUCIÓN: toda América

PEREZOSO DE DOS DEDOS [Pm]
Choloepus didactylus
Superorden Xenarthra
Orden Pilosa
DISTRIBUCIÓN: América central y el norte de Sudamérica

QUIRQUINCHO PELUDO [Pm]
Chaetophractus villosus
Superorden Xenarthra
Orden Cingulata
DISTRIBUCIÓN: Bolivia, Paraguay, Argentina

CERDO HORMIGUERO [Pm]
Orycteropus afer
Orden Tubulidentata
Familia Orycteropodidae
DISTRIBUCIÓN: África subsahariana

OSO HORMIGUERO GIGANTE [Vu]
Myrmecophaga tridactyla
Superorden Xenarthra
Orden Pilosa
DISTRIBUCIÓN: América central y del sur

TAMANDÚA [Pm]
Tamandua tetradactyla
Superorden Xenarthra
Orden Pilosa
DISTRIBUCIÓN: Sudamérica

WOMBAT [Pm]
Vombatus ursinus
Infraclase Marsupialia
Orden Diprotodontia
DISTRIBUCIÓN: Australia

CANGURO ROJO Pm
Macropus rufus
Infraclase Marsupialia
Orden Diprotodontia
DISTRIBUCIÓN: Australia

WALARÓ Pm
Macropus robustus
Infraclase Marsupialia
Orden Diprotodontia
DISTRIBUCIÓN: Australia

UALABÍ Cr
Petrogale sp.
Infraclase Marsupialia
Orden Diprotodontia
DISTRIBUCIÓN: Australia
(en parques nacionales)

PETAURO DE AZÚCAR Pm
Petaurus breviceps
Infraclase Marsupialia
Orden Diprotodontia
DISTRIBUCIÓN: Nueva Guinea,
Australia

ZARIGÜEYA DE VIRGINIA Pm
Didelphis virginiana
Infraclase Marsupialia
Orden Didelphimorphia
DISTRIBUCIÓN:
Norteamérica,
Centroamérica

**DEMONIO DE
TASMANIA** Ep
Sarcophilus harrisii
Infraclase Marsupialia
Orden Dasyuromorphia
DISTRIBUCIÓN: estado de
Tasmania (Australia)

**DUNNART O RATÓN
MARSUPIAL** Nr
Sminthopsis sp.
Infraclase Marsupialia
Orden Dasyuromorphia
DISTRIBUCIÓN: Australia

KOALA Pm
Phascolarctos cinereus
Infraclase Marsupialia
Orden Diprotodontia
DISTRIBUCIÓN: Australia

CANGURO ROJO

Macropus rufus
Orden: Diprodontia
Familia: Macropodidae

El canguro rojo es el marsupial vivo de mayor tamaño. Tiene la particularidad de desplazarse a saltos, pero con los dos pies a la vez. En sus saltos puede alcanzar los 10 m de longitud y llegar a velocidades cercanas a los 50 km/h. Junto con el koala es el animal más representativo de Australia y es común verlo saltando o descansando en las vastas llanuras australianas.

ACTIVIDAD
Durante el día el canguro rojo es menos activo y descansa en zonas de umbría.

TAMAÑO: 1,65 m altura; 1,20 m la cola; peso hasta 90 kg.

PATAS DELANTERAS
El boxeo es una práctica real entre los machos de canguro con la que miden sus fuerzas.

DEDOS
Los canguros son herbívoros y devoran los brotes y hojas tiernas. Agarran la comida gracias a sus cinco dedos con uñas.

PATAS TRASERAS
Sus impresionantes patas traseras le permiten desplazarse a grandes saltos de 3 m de altura.

ANATOMÍA

Como su nombre indica, este canguro tiene el pelo rojizo, aunque en las hembras se torna más grisáceo. En los canguros pertenecientes a esta familia el cuerpo se va agrandando de delante hacia atrás. La zona lumbar se engrosa debido a las dimensiones y robustez de las extremidades posteriores que presentan unas tibias delgadas y muy largas. Los pies también son muy largos, y tienen cuatro dedos de los cuales sólo dos están bastante desarrollados. La cola es gruesa y larga y le sirve también de apoyo (como una quinta pata) cuando anda lentamente pues levanta sus extremidades posteriores a la vez.

Cuando huye, se desplaza a grandes saltos impulsado por sus largas y potentes patas traseras. Sin embargo, sus extremidades delanteras son cortas con unas manos dotadas de cinco dedos armados de uñas curvas que el animal utiliza para agarrar la comida y también para la defensa y el ataque. Las hembras poseen en su zona ventral el marsupio, un pliegue de la piel a modo de bolsa que albergará a la cría durante una importante etapa de su desarrollo.

REPRODUCCIÓN

Las hembras sólo conciben si ha llovido lo bastante como para asegurar vegetación suficiente que las mantenga durante la crianza del pequeño canguro. Tras un periodo de gestación de 33 días la hembra pare a una cría que nace en una fase aún embrionaria. El pequeño canguro de apenas 15 mm trepa por el pelaje de la madre hasta llegar al marsupio, la bolsa delantera. Allí se engancha a una de las cuatro tetillas y permanece por un periodo de seis meses concluyendo su desarrollo. Pasado ese tiempo la madre permite salir a la cría para que explore el exterior, pero suele volver a la bolsa hasta que se independiza cumplido el año.
Si la cría muere durante la época de crianza, la madre no necesita aparearse de nuevo para concebir. Puede implantar un segundo óvulo fecundado en el útero y comenzar otra gestación.

COMPORTAMIENTO SOCIAL

Al igual que muchos herbívoros, los canguros rojos son de condición sociable y se congregan en grupos llamados bandas de 20, 50 o más individuos, bajo el liderazgo de un macho adulto, el cual se apareará con las hembras del grupo. No son territoriales y deambulan de unas bandas a otras con relativa frecuencia. Son de costumbres nocturnas, se alimentan de noche a base de tiernos brotes de pastos, hierbas y hojas. El día lo dedican al descanso en sitios resguardados como grutas, entre la maleza o cualquier zona en sombra que les proteja de las altas temperaturas que se alcanzan en sus hábitats.

Ante un peligro suelen huir a grandes saltos, pero no es raro verles propinar a su atacante una fuerte patada con su enormes extremidades. También acostumbran a luchar entre los machos, como si de un combate de boxeo se tratara, por el dominio de su supremacía. En la lucha se yerguen sobre sus pies traseros, utilizando la cola como apoyo, y se propinan manotazos e incluso patadas para derrotar al contrincante.

LOS PIES son muy largos. Sólo dos de sus cuatro dedos están bastante desarrollados.

LA COLA es gruesa y larga. Con ella se apoyan (como una quinta pata) cuando andan e incorporan todo su cuerpo sobre las patas posteriores.

EL MARSUPIO. El pequeño canguro encontrará refugio en el marsupio de su madre hasta que cumpla el año de edad o bien le desplace un hermano.

AVES

Las aves son el grupo más numeroso de vertebrados que ha logrado conquistar el aire. Su capacidad para volar les ha permitido alcanzar numerosos rincones del planeta. Esta habilidad la consiguieron gracias a que la evolución aligeró su peso y las dotó de unas estructuras muy especializadas, las plumas.

Gaviota reidora (*Chroicocephalus ridibundus*).

Tenemos que buscar entre los extintos dinosaurios los ancestros de las aves pues evolucionaron a partir de reptiles que habitaron la Tierra hace 200 millones de años, para encontrarnos en la actualidad con unas 9.000 especies. Estas son de sangre caliente, poseen plumas, un par de extremidades, las patas, sobre las que asientan su cuerpo robusto y compacto, y unas extremidades anteriores, las alas, con las que consiguen alzar el vuelo. Pero esto no sería posible si no tuvieran las alas y el cuerpo cubiertos de unas estructuras tan complejas como las plumas, y poseyeran un esqueleto ligero y resistente formado por huesos prácticamente huecos.

Su tamaño abarca un rango asombroso, desde los apenas 6 cm del colibrí zunzunito (*Mellisuga helenae*) a los 2,8 m y 160 kg de peso del avestruz (*Struthio camelus*). Otra característica singular de las aves es su pico, formado por unas placas córneas que cubren las mandíbulas superior e inferior sin dientes. Pero si algo varía ampliamente en el mundo de las aves son los picos, determinados en su forma y tamaño por el tipo de alimentación. Por ejemplo, los halcones y las águilas, como buenas rapaces, hacen gala de picos de bordes afilados y ganchudos con los que desgarran la carne de sus presas; los picos largos y rectos, como el que lucen garzas o el martín pescador, convierten a sus dueños en pescadores de éxito, y los pequeños y delgados cumplen a la perfección el objetivo de los insectívoros, como los papamoscas.

REPRODUCCIÓN

Todas las aves son ovíparas, es decir, se reproducen por huevos que depositan en un lecho cóncavo, llamado nido. Lo construyen con materiales que encuentran en la naturaleza: restos vegetales, pelos, plumas, arena… Y en especies cercanas a núcleos urbanos no es raro ver plásticos y papeles formando parte de la estructura del nido. La mayoría de las aves suele ser monógama, y ambos progenitores permanecen juntos para cuidar de la nidada que incuban, o bien los dos, o bien uno de ellos, por lo general la hembra. Una vez que han roto el cascarón, algunos polluelos tienen que ser alimentados por los padres hasta que logran su propia autonomía; son los llamados nidícolas. Otros, los nidífugos, pueden, a las pocas horas, dejar el nido y ser capaces de alimentarse por sí mismos.

COMPORTAMIENTO

Las aves pueblan prácticamente todos los hábitats del mundo, tanto terrestres como acuáticos. Y en sus relaciones sociales también abunda la variedad: hay especies solitarias que sólo se unen con otros individuos para reproducirse; otras forman parte de verdaderas comunidades durante toda su vida, y otras se reúnen de forma ocasional, para realizar ciertas actividades, como dormir, migrar, reproducirse, etc. Aunque siempre sujeta a variaciones debido a las constantes investigaciones y estudios, la clasificación actualizada de las aves realizada por el reconocido ornitólogo James Clements, autor de *Birds of the World, A Check List*, agrupa a las distintas especies en 34 órdenes.

DIVISIÓN

Filo:	Chordata
Clase:	Aves
Orden:	34
Familia:	187 aprox.
Géneros:	2.000 aprox.
Especies:	9.000 aprox.

GRUPOS DE AVES

ÓRDENES

Struthioniformes (avestruz, kiwi, emú casuario)
Tinamiformes (tinamú)
Anseriformes (patos, cisnes)
Galliformes (faisanes, gallinas, perdices)
Gaviiformes (colimbos)
Podicipediformes (somormujos)
Phoenicopteriformes (flamencos)
Sphenisciformes (pingüinos)
Procellariiformes (albatros)
Phaethontiformes (rabijuncos)
Ciconiiformes (garzas, cigüeñas)
Suliformes (alcatraces, cormoranes, fragatas)
Pelecaniformes (pelícanos, garzas, ibis, espátulas)
Accipitriformes (águilas, buitres)
Falconiformes (halcones)
Otidiformes (avutardas)
Mesitornithiformes (mesitos)
Cariamiformes (sedentarios)
Eurypygiformes (garza del sol)
Gruiformes (grullas, fochas)
Charadriiformes (gaviotas, alcas)
Pterocliformes (gangas)
Columbiformes (palomas)
Psittaciformes (loros, periquitos)
Cuculiformes (cuco)
Strigiformes (lechuzas, búhos)
Caprimulgiformes (chotacabras)
Apodiformes (colibríes, vencejos)
Coliiformes (colis)
Trogoniformes (quetzal)
Coraciiformes (martín pescador, cálao)
Galbuliformes (jacamares)
Piciformes (pájaros carpinteros, tucanes)
Passeriformes (canarios, mirlos, gorriones…)

Aunque no es exclusivo
de las aves ni todas ellas
pueden hacerlo, volar es
una de las capacidades
clave de las aves.

Las plumas presentan una
estructura queratinosa muy
compleja que aísla a las aves del frío
y el agua y permite que se
sostengan sobre el aire y vuelen.

AVES RAPACES

Son las reinas del aire, muy temidas por otras aves, mamíferos, reptiles y peces de los que se alimenta. Las aves de presa (o rapaces) son cazadoras majestuosas, rápidas en su vuelo y con una visión muy superior a la de cualquier otra especie.

Un buitre, ave rapaz diurna, en pleno vuelo.

RAPACES DIURNAS

El orden de los Falconiformes y Accipitriformes reúne a las aves de presa de hábitos diurnos, como los halcones, las águilas y los buitres del Nuevo y Viejo Mundo. Las rapaces diurnas están distribuidas por todos los continentes, salvo en la Antártida. Son fuertes, ágiles y capaces de realizar verdaderas acrobacias aéreas. Se caracterizan por ser aves robustas y compactas, aunque de tamaños muy diversos que pueden variar desde los 28 g de algunas especies enanas de halcones, a los 15 kg y 3 m de envergadura del cóndor andino. Su cabeza es pequeña en comparación con el resto del cuerpo y poseen un pico grande y fuerte, terminado en forma de gancho para poder desgarrar la carne. Sus patas tienen garras con uñas afiladas y curvas, como garfios, para poder agarrar e incluso dar muerte a las presas.

La mayoría de las rapaces diurnas se alimentan de las presas vivas que cazan, excepto los buitres que comen carroña. Además de vertebrados, también entran en su dieta huevos, insectos, caracoles y raramente frutos. No se caracterizan por construir nidos, excepto las águilas que

crean una plataforma de ramas y follaje verde en copas de árboles o en salientes rocosos; los buitres también aprovechan los huecos naturales en el suelo, árboles, cuevas… y los halcones se benefician de salientes en edificios y nidos abandonados. Suelen aparearse una vez al año. Los buitres del Nuevo Mundo ponen del orden de uno o dos huevos y hasta siete el resto de las rapaces con periodos de incubación que abarcan desde los 28 a los 60 días. Los polluelos permanecen en el nido como mucho medio año, dependiendo del tamaño de la especie.

RAPACES NOCTURNAS

Las rapaces nocturnas pertenecen al orden Strigiformes, conocidos comúnmente como búhos. Son cosmopolitas y habitan todos los continentes, preferentemente en los bosques, pero también podemos encontrar búhos y lechuzas en montañas, desiertos, estepas y zonas habitadas por el hombre. Tienen la cabeza ancha y cubierta de espesas plumas. Sus grandes ojos se dirigen hacia delante en el mismo plano.

El pico curvo termina en forma de gancho. En general presentan plumas hasta las garras. Los dedos son cortos con el externo oponible y unas largas uñas de forma ganchuda. Como animal de hábitos nocturnos tiene un sentido de la vista perfectamente adaptado a la oscuridad, pero en estas aves es más importante el oído, con el cual perciben el más leve ruido emitido por una potencial presa. Además pueden girar su cabeza 270 grados, con lo que consiguen una localización más exacta. Su vuelo es silencioso, característica que han logrado gracias a la estructura del plumaje de las alas. En los bordes poseen unas pequeñas púas que evitan las turbulencias del vuelo

DIVISIÓN	
Filo:	Chordata
Clase:	Aves
Orden:	Falconiformes
Familia:	1
Especies:	60
Orden:	Accipitriformes
Familia:	4
Especies:	259
Orden:	Strigiforme
Familia:	2
Especies:	200

Excepto los buitres que comen principalmente de carroña, todas las aves rapaces prefieren alimentarse de presas vivas. Arriba, un buitre leonado (*Gyps fulvus*).

Un halcón despliega sus alas.

Una visión binocular excelente y un pico en forma de garfio para desgarrar la carne de las presas son algunas de las características de las rapaces, como este águila real (*Aquila chrysaetos*). A la derecha, un búho.

y el sonido que provocan. Suelen alimentarse de pequeños mamíferos como roedores e insectívoros, además de pájaros, reptiles y peces. Acostumbran a tragarse la presa entera, por lo que muchas de las partes no digeribles, como huesos, plumas o pelo, las expulsan por la boca como un excremento cilíndrico llamado egagrópila.

La mayoría de los búhos son monógamos y territoriales. No suelen construir nidos, aprovechan huecos de los árboles o de las rocas, incluso algunas especies anidan en madrigueras en el suelo. La puesta puede ser de uno a 12 huevos, según la disponibilidad de alimento, que incuba la madre de 15 a 35 días. El macho la provee de comida. Los polluelos permanecerán en el nido 25 o 50 días hasta que se independicen.

En cuanto a los grupos, antes la familia Falconidae junto las otras cuatro familias de Accipitriformes formaban un único orden, Falconiformes, desgajado en dos según el Congreso Ornitológico Internacional (IOC).

GRUPOS (de aves rapaces)

ORDEN: Strigiformes
FAMILIAS:
  Strigidae (búhos, mochuelos, autillos, cárabos, caburés, tecolotes)
  Tytonidae (lechuzas)

ORDEN: Accipitriformes
FAMILIAS:
  Accipitridae (águilas, aguiluchos, milanos, buitres del Viejo Mundo)
  Sagittariidae (secretarios)
  Pandionidae (águilas pescadoras)
  Cathartidae (buitres del Nuevo Mundo)

ORDEN: Falconiformes
FAMILIAS:
  Falconidae (halcones, cernícalos, alcotanes)

RAPACES DIURNAS

Es durante el día cuando toda la actividad es realizada por estas aves de presa que se caracterizan por poseer poderosos picos ganchudos que utilizan para desgarrar la carne de sus presas. Si bien cabe señalar ciertas diferencias en lo que se refiere a hábitos alimenticios. Así, los buitres, tanto de Europa como de América, suelen alimentarse casi exclusivamente de animales muertos, aunque cuando faltan cadáveres son capaces de cazar presas vivas. El resto de las aves rapaces (águilas, halcones, gavilanes, pigargos, azores, aguiluchos…), salvo alguna excepción como el halcón abejero, apresan piezas vivas a las que abaten con sus garras similares a estiletes. Las rapaces de mayor tamaño las encontramos dentro de la familia Cathartidae a la que pertenecen los buitres del Nuevo Mundo (cóndor, zopilote, aura…). Y las águilas, aunque algo menores, son conocidas por su porte majestuoso y gran fuerza gracias a la cual pueden alzar el vuelo con piezas más pesadas que ellas. Pero las más veloces, y no por ello de gran tamaño, se hallan en la familia de los falconiformes; el mejor ejemplo es el halcón peregrino, capaz de alcanzar los 300 km/h.

GAVILÁN HERRUMBROSO [Pm]
Buteo regalis
Orden Accipitriformes
DISTRIBUCIÓN: Estados Unidos, Canadá, México

ALIMOCHE [Ep]
Neophron percnopterus
Orden Accipitriformes
DISTRIBUCIÓN: norte de África, sur de Europa

ÁGUILA CALVA [Pm]
Haliaeetus leucocephalus
Orden Accipitriformes
DISTRIBUCIÓN: Canadá, Estados Unidos

GAVILÁN [Pm]
Accipiter nisus
Orden Accipitriformes
DISTRIBUCIÓN: Europa, norte de África, Oriente Medio, Asia Menor

BUITRE LEONADO [Pm]
Gyps fulvus
Orden Accipitriformes
DISTRIBUCIÓN: Europa, Chipre, Israel

ÁGUILA REAL [Pm]
Aquila chrysaetos
Orden Accipitriformes
DISTRIBUCIÓN: Canadá, Estados Unidos, México, Eurasia, norte de África

BUITRE NEGRO AMERICANO [Pm]
Coragyps atratus
Orden Accipitriformes
DISTRIBUCIÓN: desde el sur de Canadá hasta Sudamérica

ÁGUILA MORA [Pm]
Geranoaetus melanoleucus
Orden Accipitriformes
DISTRIBUCIÓN: Sudamérica

BUITRE NEGRO O MONJE [A]
Aegypius monachus
Orden Accipitriformes
DISTRIBUCIÓN: Europa, India, Irán, Afganistán, Myanmar, dos Coreas, Laos

ZOPILOTE REY [Pm]
Sarcoramphus papa
Orden Accipitriformes
DISTRIBUCIÓN: desde el sur de México hasta el norte de Argentina

PIGARGO VOCINGLERO [Pm]
Haliaeetus vocifer
Orden Accipitriformes
DISTRIBUCIÓN: países subsaharianos

ÁGUILA PESCADORA [Pm]
Pandion haliaetus
Orden Accipitriformes
DISTRIBUCIÓN: por todo el mundo excepto Antártida

CÓNDOR DE LOS ANDES [A]
Vultur gryphus
Orden Accipitriformes
DISTRIBUCIÓN: Sudamérica

PIGARGO ORIENTAL [Pm]
Haliaeetus leucogaster
Orden Accipitriformes
DISTRIBUCIÓN: Australia, India, Sri Lanka, Tailandia, Malasia, Indonesia, Filipinas

MILANO INDIO O BRAMÁNICO [Pm]
Haliastur Indus
Orden Accipitriformes
DISTRIBUCIÓN: India, Sri Lanka, Bangladesh, Pakistán, Himalayas, Australia

PIGARGO GIGANTE [Vu]
Haliaeetus pelagicus
Orden Accipitriformes
DISTRIBUCIÓN: Rusia, China, Japón

RATONERO DE COLA ROJA [Pm]
Buteo jamaicensis
Orden Accipitriformes
DISTRIBUCIÓN: Norteamérica, Centroamérica

AZOR LAGARTIJERO CLARO [Pm]
Melierax canorus
Orden Accipitriformes
DISTRIBUCIÓN: África

SECRETARIO [Pm]
Sagittarius serpentarius
Orden Accipitriformes
DISTRIBUCIÓN: África subsahariana

OTRAS ESPECIES

ÁGUILA CULEBRERA [Pm]
Circaetus gallicus
Orden Accipitriformes
DISTRIBUCIÓN: suroeste de Europa, noroeste de África, Asia Central

ÁGUILA VOLATINERA [A]
Terathopius ecaudatus
Orden Accipitriformes
DISTRIBUCIÓN: África subsahariana

AURA GALLIPAVO [Pm]
Cathartes aura
Orden Accipitriformes
DISTRIBUCIÓN: sur de Canadá, Estados Unidos, Sudamérica

AZOR COMÚN [Pm]
Accipiter gentiles
Orden Accipitriformes
DISTRIBUCIÓN: Canadá, Estados Unidos, Europa, Asia

CERNÍCALO COMÚN [Pm]
Falco tinnunculus
Orden Falconiformes
DISTRIBUCIÓN: Europa, África, Asia

ELANIO AUSTRALIANO [Pm]
Elanus axillaris
Orden Accipitriformes
DISTRIBUCIÓN: Autralia

GAVILÁN CHIKRA [Pm]
Accipiter badius
Orden Accipitriformes
DISTRIBUCIÓN: África

HALCÓN PEREGRINO [Pm]
Falco peregrinus
Orden Falconiformes
DISTRIBUCIÓN: Alaska (Estados Unidos), Canadá, Argentina, Chile

MILANO NEGRO [Pm]
Milvus migrans
Orden Accipitriformes
DISTRIBUCIÓN: Australia, Europa, Asia, África

QUEBRANTAHUESOS [Pm]
Gypaetus barbatus
Orden Accipitriformes
DISTRIBUCIÓN: sur de Europa, sur de Asia, noroeste de África

RATONERO CALZADO [Pm]
Buteo lagopus
Orden Accipitriformes
DISTRIBUCIÓN: Estados Unidos, Canadá

ÁGUILA PESCADORA

Pandion haliaetus
Orden: Accipitriformes
Familia: Pandionidae

Esta imponente águila domina a la perfección el arte de la pesca. Desde el aire localiza a su escurridiza presa, que difícilmente escapará de sus afiladas garras. Y si es necesario, se sumergirá por completo en el agua con tal de atrapar piezas que pueden llegar a alcanzar su propio peso. Se alimenta exclusivamente de peces vivos, salvo que se encuentre, debido a sus costumbres migratorias, en zonas donde estos escaseen y deban alimentarse de animales muertos o atrapar otra serie de vertebrados. Habita en zonas cercanas al agua, tanto dulce como salada. Le gustan las aguas poco profundas y limpias. Las águilas más septentrionales emigran en invierno hacia zonas más templadas; por ejemplo, las europeas pasan la época invernal en África, alcanzan los ríos y costas de Senegal o Sierra Leona, mientras que las del noreste de Estados Unidos prefieren destinos como el Caribe y Sudamérica.

TAMAÑO: peso: 1,2-1,9 kg; altura: 60 cm.
DISTRIBUCIÓN: zonas costeras y fluviales de todos los continentes, excepto la Antártida.

LAS ALAS
La envergadura de las alas alcanza 1,57 m.

LAS UÑAS
Sus uñas se asemejan a estiletes curvados.

LAS GARRAS
Con sus poderosas garras que introduce hacia delante en el agua atrapa el pez, que resulta herido mortalmente.

EL PICO
El pico con forma de gancho es característico de las aves rapaces que utilizan para arrancar la carne de sus presas.

ANATOMÍA

Tiene un plumaje característico con la parte superior de color pardo o chocolate y la zona ventral y pectoral blanca. En la cabeza, blanca, posee una franja oscura que atraviesa el ojo, lo que le hace perfectamente reconocible. Sus garras poseen unas escamas espinosas en la parte interior que le permiten sostener a los escurridizos peces; además, sus uñas se asemejan a estiletes curvados. El dedo exterior es oponible a voluntad para facilitar aún más el agarre de la presa, y tienen la capacidad de cerrar las narinas (fosas nasales en la base del pico) mediante válvulas cuando se sumergen en el agua. Las alas también tienen un diseño hidrodinámico: son largas y estrechas para facilitar largo tiempo de vuelo sobre el agua como para la salida de la misma cuando han tenido que sumergirse por completo.

PESCA DE ALTURA

El águila pescadora tiene una media de éxito de cuatro de cada cinco intentos. Sobrevuela los cursos de agua en busca de presas, a veces al ras de la superficie, e incluso es capaz de mantenerse fija en el aire controlando una pieza. Cuando ha avistado el almuerzo se precipita en picado hacia el agua extendiendo, en el último momento, las garras hacia delante antes de introducirse en el líquido elemento. Cuando agarra la presa, emerge agitando sus alas para sacudirse el agua y, gracias a su dedo movible, puede colocar al pez con la cabeza hacia delante para que ofrezca menos resistencia al aire. Luego se posará en una rama para devorar su trofeo tranquilamente.

REPRODUCCIÓN

Son monógamas y territoriales y cada pareja de águila pescadora busca una buena superficie a salvo de depredadores, como las copas de los árboles, o sitios inaccesibles, como postes eléctricos o salientes en zonas rocosas, o incluso en el suelo, si se trata de islotes en lagunas o ríos, inalcanzables para los enemigos terrestres (como los zorros), para construir un gran nido a base de ramas y palos. La pareja usará el nido los años

posteriores y lo acondicionará añadiendo más ramas para albergar la nueva puesta. Ponen del orden de dos a cuatro huevos. El macho alimenta a la hembra mientras los empolla aproximadamente durante 35 días. Cuando eclosionan, ambos padres se turnan en la tarea de alimentar a los polluelos hasta que estos pueden abandonar el nido al cabo de unos 50 días. Alcanzan la madurez sexual a los tres años y llegan a vivir unos 15 años, si bien de una nidada suelen sobrevivir tan sólo dos polluelos.

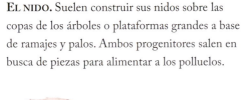

EL NIDO. Suelen construir sus nidos sobre las copas de los árboles o plataformas grandes a base de ramajes y palos. Ambos progenitores salen en busca de piezas para alimentar a los polluelos.

LA CAPTURA en vivo de un águila pescadora.

RAPACES NOCTURNAS

Búhos, lechuzas, cárabos, mochuelos, autillos… conforman un grupo de rapaces amantes de la oscuridad (la mayoría son nocturnas o crepusculares) integrado por dos familias: la de los búhos (Strigidae) y la de las lechuzas (Tytonidae). Los búhos se caracterizan por tener una cabeza redonda, pico corto, curvado y ancho. Las lechuzas tienen un cráneo más alargado y son fáciles de distinguir por su característico disco facial en forma de corazón; su pico es alargado, recto y estrecho. Entre estas aves, el búho real (*Bubo bubo*) destaca como rey de la noche. Con un tamaño de unos 70 cm y una envergadura alar de 2 m, da caza a roedores, conejos, zorros e incluso a otros búhos y rapaces. A pesar de su gran tamaño, su vuelo sigiloso y su plumaje pardo le otorgan invisibilidad ante los ojos de sus víctimas. Pero la más conocida es, sin duda, la lechuza común (*Tyto alba*), presente en todos los continentes y muy ligada a los núcleos urbanos rurales.

BÚHO REAL Pm
Bubo bubo
Orden Strigiformes
DISTRIBUCIÓN: norte de África, Europa, Oriente Medio, Asia

BÚHO AMERICANO Pm
Bubo virginianus
Orden Strigiformes
DISTRIBUCIÓN: América

BÚHO NIVAL Pm
Bubo scandiacus
Orden Strigiformes
DISTRIBUCIÓN: Canadá, norte de Estados Unidos, norte de Europa

BÚHO CHICO Pm
Asio otus
Orden Strigiformes
DISTRIBUCIÓN: sur de Canadá, sur de Estados Unidos, México

LECHUZA TERRESTRE Pm
Athene cunicularia
Orden Strigiformes
DISTRIBUCIÓN: América

CÁRABO COMÚN Pm
Strix aluco
Orden Strigiformes
DISTRIBUCIÓN: Europa, China, norte de África

LECHUZA COMÚN Pm
Tyto alba
Orden Strigiformes
DISTRIBUCIÓN: por casi todo
el mundo

AUTILLO INDIO Pm
Otus bakkamoena
Orden Strigiformes
DISTRIBUCIÓN: India, Sri
Lanka, Indonesia

**MOCHUELO
COMÚN** Pm
Athene noctua
Orden Strigiformes
DISTRIBUCIÓN: oeste de
Europa, Oriente Medio,
Etiopía, Níger

**CÁRABO
NORTEAMERICANO** Pm
Strix varia
Orden Strigiformes
DISTRIBUCIÓN: Estados Unidos,
Canadá

**LECHUZA GAVILANA
MAORÍ** Pm
Ninox novaeseelandiae
Orden Strigiformes
DISTRIBUCIÓN: Australia, Nueva
Guinea, Nueva Zelanda

BÚHO URAL Pm
Strix uralensis
Orden Strigiformes
DISTRIBUCIÓN:
Europa, Asia

**AUTILLO
EUROPEO** Pm
Otus scops
Orden Strigiformes
DISTRIBUCIÓN:
Europa, África
subsahariana

AVES ACUÁTICAS Y COSTERAS

LAS AVES QUE AQUÍ ABORDAMOS COMPRENDEN UNA SERIE DE ÓRDENES MUY LIGADOS A LOS HÁBITATS ACUÁTICOS. NO SON AVES MUY RELACIONADAS FILOGENÉTICAMENTE, PERO SU AFINIDAD AL AGUA HA HECHO QUE LAS ANALICEMOS EN SU CONJUNTO.

Cisne común (*Cygnus olor*).

Un grupo de pelícanos (*Pelecanus sp.*) en su hábitat.

En la imagen de arriba, las plumas de estas aves son hidrófugas porque repelen el agua. En grande, un pato mandarín (*Aix galericulata*), una anátida de bellos colores.

Patos, cisnes, gaviotas, albatros, pingüinos y pelícanos han hallado en el agua su medio de subsistencia. Algunas de las especies sólo se aventuran en ella para comer, otras prácticamente sólo salen de ella para atender su nidada, y las hay que son excelentes buceadoras. Suelen tener plumas hidrófugas, que repelen el agua, ya que si esta empapara su plumaje les impediría poder remontar el vuelo y podrían perecer de frío. Se encuentran en todo el mundo.

ÁNSARES

Las tres familias que comprenden los anseriformes están perfectamente adaptadas al medio acuático. Prácticamente toda su existencia la pasan nadando por la superficie del agua. Suelen ocupar humedales dulceacuícolas, aunque algunas especies como los éideres y serretas optan por estuarios y deltas.

Tienen el cuerpo rechoncho y aplanado en su parte inferior, con tamaños que van desde los 250 g a los 15 kg de peso de los cisnes. Poseen un pico más o menos ancho y plano, aserrado en los bordes en las especies filtradoras. Las patas tienen una posición más atrasada con los pies palmeados, lo que facilita la natación pero entorpece la deambulación en tierra. La mayoría nidifica en el suelo entre la vegetación, también en huecos de árboles, cavidades o incluso en madrigueras. La nidada consta de 4 a 14 huevos, según la especie. Requieren un periodo de incubación de 21 a 44 días y cuando eclosionan, los polluelos de casi todas las especies pueden alimentarse solos. Su dieta es amplia y variada. Se alimentan de peces, crustáceos, insectos, larvas,

vegetación acuática, hojas, brotes, semillas…

GAVIOTAS

Esta familia de los Charadriiformes son auténticos piratas del mar. No dudan en arrebatar un bocado a otro individuo si lo tienen fácil. Se distribuyen por todo el mundo, aunque escasean en los trópicos.

DIVISIÓN	
Filo:	Chordata
Clase:	Aves
Orden:	Anseriformes
Familia:	3
Especies:	169
Orden:	Charadriiformes
Familia:	19
Especies:	378
Orden:	Pelecaniformes
Familia:	1 (de 5 actuales)
Especies:	8
Orden:	Suliformes
Familia:	4
Especies:	59
Orden:	Procellariiformes
Familia:	3
Especies:	135
Orden:	Sphenisciformes
Familia:	1
Especies:	18
Orden:	Gaviiformes
Familia:	1
Especies:	5

Su tamaño varía según la especie, de 28 a 78 cm de longitud y hasta 2 kg de peso. Su plumaje suele ser blanco o con colores pálidos, y el pico y las patas tienden a ser llamativos, amarillos o rojos. Poseen unas grandes alas que sustentan su elegante vuelo.

Las gaviotas suelen emparejarse de por vida y anidar en colonias grandes tanto en terrenos costeros como en salientes de acantilados. Ponen dos o tres huevos que incuban durante cinco días. Entre las tres y las siete semanas las crías pueden abandonar el nido. Su dieta es de lo más variada. Puede alimentarse de peces, moluscos, rebuscan en las basuras, comen invertebrados y algunos pequeños mamíferos; algunos, como los págalos, han aprendido a robar las capturas a otras aves.

PELÍCANOS

Son aves marinas pertenecientes a los Pelecaniformes. Resulta inconfundible gracias al enorme pico unido a una bolsa que tiene capacidad para albergar hasta 13 litros de agua. Se distribuyen por el este de Europa, centro y sur de África, India, Australia, Norteamérica y Sudamérica.

Pueden alcanzar una envergadura alar de 2,8 m y llegar a pesar 15 kg. Como toda ave marina, sus patas palmeadas no son muy largas. Son aves enormes con un gran pico que utilizan para guardar los peces que capturan y que luego deben hacer llegar hasta su boca para tragárselos.

Algunas especies construyen grandes nidos sobre árboles, mientras que otras anidan en el suelo aprovechando depresiones del terreno que forran con hojas. Ponen del orden de uno a cuatro huevos que incuban durante un mes.

ALCATRACES

Estas aves del orden de los Suliformes pescan zambulléndose en picado en las aguas del Atlántico Norte y las que bañan Sudáfrica y Australasia.

Tienen cuerpo, cuello, pico y cola alargados. Es una forma idónea para zambullirse como un torpedo en el agua y poder capturar su presa. Su plumaje suele ser blanco en la parte ventral y claro mezclado con partes oscuras en la zona superior.

Forman numerosas colonias en terrenos cercanos a la costa y las parejas construyen nidos tras un elaborado cortejo. La puesta es de uno a cuatro huevos que incubarán por un periodo de 40 a 55 días.

ALBATROS

Pertenecen al orden de los Procellariiformes. Son excelentes planeadores capaces de volar sin batir alas durante horas. Se encuentran en los mares del hemisferio sur y del Pacífico norte, y también en las costas de las Islas Galápagos.

Su tamaño oscila entre 70 y 135 cm, llegando a alcanzar una envergadura alar (la mayor de todas las aves) de 350 cm en los ejemplares más grandes. Y es fácilmente reconocible por su pico largo, doblado hacia abajo y terminado en gancho en su parte superior, y con los orificios externos de la nariz con forma tubular. Sus patas son palmeadas y cortas.

Patos de pico amarillo (*Anas undulata*).

Son monógamos y fieles hasta la muerte. Las parejas permanecen unidas toda su vida y pueden vivir hasta 30 años. La mayoría de los albatros anidan en colonias sobre montículos de tierra y ponen un solo huevo que ambos progenitores incuban alternándose durante 65 o 79 días. Seguirán procurando comida al polluelo a intervalos más o menos grandes hasta que consiga el plumaje de adulto al cabo de ocho meses.

PINGÜINOS

El orden Spheshisciformes reúne a todos los pingüinos, aves que han perdido su capacidad para volar, pero que bajo el agua parece que realmente lo hicieran. Están perfectamente adaptados al ambiente marino y a las duras condiciones climáticas donde habitan: la Antártida y zona subantártica.

Miden entre 30 cm y 1,10 m, en el caso del pingüino emperador. Su cuerpo es fusiforme y tiene unas alas potentes, estrechas, robustas y rígidas que les sirven para nadar. Casi todas las especies tienen un plumaje gris azulado en el dorso y blanco en la parte ventral. Sus patas son cortas y sus pies, anchos y palmeados.

La mayoría de los pingüinos cría en inmensas colonias. Salvo el pingüino rey y el pingüino emperador que empollan el huevo entre sus patas, los demás hacen un somero nido con los materiales que tengan disponibles. Ponen uno o dos huevos que empollan entre 35 y 100 días según la especie.

Se alimentan de peces, crustáceos y calamares y tienen una gran capacidad

Los colimbos grandes (*Gavia immer*) son excelentes buceadores y pueden permanecer un minuto bajo el agua en busca de su presa.

Ánade real hembra en pleno vuelo.

Ejemplar de colimbo.

para almacenar la grasa que les servirá de reserva durante el periodo de incubación.

COLIMBOS

Pertenecen al orden de los Gaviiformes y sólo habitan en el hemisferio norte. Figuran entre los buceadores más expertos del mundo de las aves. Pueden alcanzar los 90 cm, pero la mayoría son pequeños y esbeltos. Tienen la cabeza alargada al igual que su pico, el cual termina en punta. El plumaje es muy elegante con unas bandas blancas y negras en el cuello y el dorso suele ser gris y el vientre blanco. También destacan sus llamativos ojos rojos.

Los colimbos se emparejan y colaboran en la preparación del nido. En realidad se trata de una depresión en el terreno cercano a la orilla. Realizan una puesta de dos huevos que incuban de 18-24 días y, al eclosionar, los polluelos están casi listos para nadar, aunque tardarán unas 11 semanas en aprender a volar. Los ejemplares adultos se zambullen y bucean buscando peces, crustáceos, moluscos o insectos acuáticos. Las inmersiones pueden durar hasta un minuto.

En sus grandes picos con bolsa los pelícanos guardan los peces que capturan.

ANÁTIDAS

Las anátidas (patos, gansos, cisnes, ánsares…) suelen ser aves de paso que van recorriendo grandes distancias en busca de agua dulce. Comprenden alrededor de 150 especies que nidifican en casi la totalidad del globo, excepto en los grandes desiertos africanos y en la península Arábiga. Por lo general, esta familia de aves tiene un carácter muy gregario que se intensifica en la época de las migraciones. Como buenas aves migratorias, son potentes voladoras, ya que en ocasiones deben recorrer miles de kilómetros para alcanzar sus zonas de invernada y de reproducción. Los humedales, como lagos y lagunas, ríos, estuarios o zonas costeras, son su hábitat idóneo y al que están perfectamente adaptadas. Buena muestra de ello son sus patas palmeadas, plumaje hidrófugo y pico redondeado y aserrado que utilizan para filtrar el agua y los sedimentos para obtener su alimento.

ÁNADE REAL Pm
Anas platyrhynchos
Orden Anseriformes
DISTRIBUCIÓN: por casi todo el mundo

BARNACLA CANADIENSE Pm
Branta canadensis
Orden Anseriformes
DISTRIBUCIÓN: Canadá, Estados Unidos, norte de México, Nueva Zelanda, noroeste de Europa

ÁNADE PICOPINTO Pm
Anas poecilorhyncha
Orden Anseriformes
DISTRIBUCIÓN: Asia

GANSO CISNE Vu
Anser cygnoides
Orden Anseriformes
DISTRIBUCIÓN: Rusia, Mongolia, China, dos Coreas, Japón, Taiwán

TARRO CANELO Pm
Tadorna ferruginea
Orden Anseriformes
DISTRIBUCIÓN: África, Asia, Europa, Norteamérica

OCA DEL NILO Pm
Alopochen aegyptiacus
Orden Anseriformes
DISTRIBUCIÓN: Egipcio, sur del Sáhara, sudeste de Europa, Emiratos Árabes

ÁNADE RABUDO Pm
Anas acuta
Orden Anseriformes
DISTRIBUCIÓN: Norteamérica, Centroamérica

GANSO Pm
Anser anser
Orden Anseriformes
DISTRIBUCIÓN: Europa, norte de África

CISNE COMÚN Pm
Cygnus olor
Orden Anseriformes
DISTRIBUCIÓN: Eurasia, Norteamérica

CISNE NEGRO Pm
Cygnus atratus
Orden Anseriformes
DISTRIBUCIÓN:
Australia, Nueva
Zelanda, Europa,
Norteamérica

PATO CRIOLLO Pm
Cairina moschata
Orden Anseriformes
DISTRIBUCIÓN: América y Europa

SUIRIRÍ PIQUIRROJO Pm
Dendrocygna autummalis
Orden Anseriformes
DISTRIBUCIÓN: Centroamérica

SUIRIRÍ BICOLOR Pm
Dendrocygna bicolor
Orden Anseriformes
DISTRIBUCIÓN:
Norteamérica,
Centroamérica, este de
África, India, Sri Lanka

PATO MANDARÍN Pm
Aix galericulata
Orden Anseriformes
DISTRIBUCIÓN: este de
Siberia, China, Japón

CERCETA DEL BAIKAL Vu
Anas formosa
Orden Anseriformes
DISTRIBUCIÓN:
Rusia, Mongolia,
dos Coreas,
Japón, China

**PATO DE ALAS
BLANCAS** Ep
Asarcornis scutulata
Orden Anseriformes
DISTRIBUCIÓN: Laos,
Tailandia, Vietnam,
Camboya, Myanmar,
Bangladesh, India, Indonesia

**PATO
COLORADO** Pm
Netta rufina
Orden Anseriformes
DISTRIBUCIÓN: sur de
Europa, China

GAVIOTAS Y ALBATROS

Las zonas costeras de casi todo el globo son el territorio preferido de estas aves, aunque hallaremos más gaviotas en el hemisferio norte y será más probable avistar un albatros o un pretel en los mares del hemisferio sur, donde sus poblaciones son más abundantes. Es fácil quedarse maravillado con el elegante vuelo de las gaviotas, a las que les gusta sobrevolar las aguas más cercanas a la costa, donde capturan peces o huevos y polluelos de las nidadas de otras aves costeras. Pero sin duda, son los albatros y petreles los que alcanzan la fama de ser los mejores planeadores del mundo animal. Estas aves extienden sus dominios mar adentro y los sobrevuelan sin apenas esfuerzo, ya que su increíble envergadura alar, de 178 a 350 cm, les permite sustentarse en el aire durante horas sin casi batir las alas. Si bien su planeo queda interrumpido cuando bajan al mar con el fin de atrapar los peces y crustáceos que se acercan a la superficie marina.

CHARRÁN ÁRTICO Pm
Sterna paradisaea
Orden Charadriiformes
DISTRIBUCIÓN: Norteamérica, Europa, África, Australia, Nueva Zelanda

VUELVEPIEDRAS COMÚN Pm
Arenaria interpres
Orden Charadriiformes
DISTRIBUCIÓN: Norteamérica, oeste de Europa, África, sur de Asia, Australia

CHORLITEJO CHICO Pm
Charadrius dubius
Orden Charadriiformes
DISTRIBUCIÓN: Europa, norte de África, Asia (según la estación)

GAVIOTA ARGÉNTEA Pm
Larus argentatus
Orden Charadriiformes
DISTRIBUCIÓN: Canadá, Estados Unidos, Centroamérica

FRAILECILLO Pm
Fratercula arctica
Orden Charadriiformes
DISTRIBUCIÓN: Canadá, Estados Unidos, Europa

CIGÜEÑUELA COMÚN Pm
Himantopus himantopus
Orden Charadriiformes
DISTRIBUCIÓN: Europa, Asia, África, Micronesia

GAVIOTA REIDORA Nr
Chroicocephalus ridibundus
Orden Charadriiformes
DISTRIBUCIÓN: Europa, África, Norteamérica

AGACHADIZA ¿?
Gallinago delicata
Orden Charadriiformes
DISTRIBUCIÓN: Norteamérica, Centroamérica

ALCA COMÚN Pm
Alca torda
Orden Charadriiformes
DISTRIBUCIÓN: Estados Unidos, Europa

OTRAS ESPECIES

ALBATROS OJEROSO Nr
Diomedea melanophris
Orden Procellariiformes
DISTRIBUCIÓN: Sudamérica, Atlántico Sur

ALCARAVÁN PERUANO Pm
Burhinus superciliaris
Orden Charadriiformes
DISTRIBUCIÓN: Perú, Chile, Ecuador

CIGÜEÑELA CANGREJERA Pm
Dromas ardeola
Orden Charadriiformes
DISTRIBUCIÓN: océano Índico, mar Rojo, golfo de Omán, golfo de Arabia

GAVIOTA DE DELAWARE Pm
Larus delawarensis
Orden Charadriiformes
DISTRIBUCIÓN: Estados Unidos, Canadá, Centroamérica

GAVIOTA REIDORA AMERICANA Nr
Leucophaeus atricilla
Orden Charadriiformes
DISTRIBUCIÓN: Europa, Norteamérica

PETREL DAMERO Pm
Daption capense
Orden Procellariiformes
DISTRIBUCIÓN: África

PINGÜINOS, PELÍCANOS Y ALCATRACES

Estos tres órdenes de aves comparten su afinidad al medio acuático, pero presentan grandes diferencias físicas que tienen que ver con su adaptación al medio. Mientras los pingüinos han perdido totalmente la capacidad para volar por el aire (a cambio de poder hacerlo bajo el agua), es asombroso ver cómo los pelícanos remontan el vuelo a pesar de su gran robustez; no en vano ostentan el título de las aves marinas voladoras más pesadas del mundo. Por otro lado, las aves pertenecientes al orden de los suliformes (alcatraces y cormoranes) controlan tanto el medio aéreo como el acuático. Su cuerpo está especialmente diseñado para penetrar desde el aire, en el agua, con una zambullida veloz y poder salir también rápidamente de ella, a ser posible con su presa en el pico. Sin embargo, tanto pingüinos como pelícanos y alcatraces comparten sus costumbres gregarias y forman grandes colonias que abarcan amplias extensiones en terrenos, por lo general, al borde del mar.

PINGÜINO DE PENACHO ANARANJADO Vu
Eudyptes chrysolophus
Orden Sphenisciformes
DISTRIBUCIÓN: regiones antártica y subantártica, sur de América, sur de África

PINGÜINO BARBIJO Pm
Pygoscelis antarcticus
Orden Sphenisciformes
DISTRIBUCIÓN: región antártica

PINGÜINO DEL CABO Ep
Spheniscus demersus
Orden Sphenisciformes
DISTRIBUCIÓN: costas de Sudáfrica, Namibia

PINGÜINO DE HUMBOLDT Vu
Spheniscus humboldti
Orden Sphenisciformes
DISTRIBUCIÓN: Perú, Chile

PINGÜINO JUANITO A
Pygoscelis papua
Orden Sphenisciformes
DISTRIBUCIÓN: región antártica

CORMORÁN PIGMEO Pm
Phalacrocorax pygmeus
Orden Suliformes
DISTRIBUCIÓN: Europa, Irán, Iraq, Siria, Israel

CORMORÁN GRANDE Pm
Phalacrocorax carbo
Orden Suliformes
DISTRIBUCIÓN: por casi todo el mundo

PELÍCANO CEÑUDO Vu
Pelecanus crispus
Orden Pelecaniformes
DISTRIBUCIÓN: Europa, China

PELÍCANO VULGAR Pm
Pelecanus onocrotalus
Orden Pelecaniformes
DISTRIBUCIÓN: este de Europa, norte de África, India

PELÍCANO PARDO Pm
Pelecanus occidentalis
Orden Pelecaniformes
DISTRIBUCIÓN: sur de Estados Unidos, Centroamérica

OTRAS ESPECIES

ALCATRAZ ATLÁNTICO Pm
Morus bassanus
Orden Suliformes
DISTRIBUCIÓN: Norteamérica

ALCATRAZ PATIAZUL Pm
Sula nebouxii
Orden Suliformes
DISTRIBUCIÓN: Centroamérica, Sudamérica

PINGÜINO EMPERADOR Pm
Aptenodytes forsteri
Orden Sphenisciformes
DISTRIBUCIÓN: región antártica

RABIHORCADO Pm
Fregata magnificens
Orden Suliformes
DISTRIBUCIÓN: América tropical

PINGÜINO ADELAIDA Pm
Pygoscelis adeliae
Orden Sphenisciformes
Distribución: región antártica

PINGÜINO DE MAGALLANES A
Spheniscus magellanicus
Orden Sphenisciformes
DISTRIBUCIÓN: sur de América

PINGÜINO EMPERADOR

Aptenodytes forsteri
Orden: Spheniciformes
Familia: Spheniscidae

Es el mayor entre todos los pingüinos y una de las aves sometida a las peores condiciones climatológicas que existen en el planeta: el frío antártico. Pero posee estrategias que le hacen no sólo resistir al frío polar, sino desarrollar todo su ciclo vital al amparo de la gélida nieve.

El pingüino emperador vive en las regiones antárticas y pasa muchísimos meses en pleno océano alimentándose de peces y moluscos que le proporcionan sus reservas de grasa para aguantar los largos periodos de ayuno que tendrá que soportar durante la incubación. Además, se agrupan en colonias numerosísimas de forma que el grupo genera su propio calor, vital para no sucumbir a las temperaturas por debajo del punto de congelación.

TAMAÑO: peso hasta 40 kg; altura 1-1,10 m.

EL PICO
Tienen la cabeza pequeña con un pico largo y afilado.

DISTRIBUCIÓN: toda la costa antártica.

EL PLUMAJE
El color del plumaje del pingüino emperador es inconfundible con su cabeza negra y el ribete dorado del cuello. La mandíbula inferior puede ser rosa o naranja.

EL CUERPO
La forma de tonel de su cuerpo facilita una natación rápida.

LAS ALETAS
Las aletas son muy estrechas y rígidas.

LAS PATAS
Cuando caminan sobre sus dos patas, los andares son más torpes, por eso suelen desplazarse más rápidamente deslizándose sobre su barriga.

ANATOMÍA

Tiene un cuerpo grande con forma de
tonel, una cabeza pequeña y un pico largo y
afilado. Las aletas son estrechas y rígidas.
En realidad las aletas y el pico son más
pequeños proporcionalmente en
comparación con el resto de los pingüinos.
Su plumaje es negro en la parte superior y
la cabeza, y blanco en toda la parte inferior,
cuello y laterales de la cabeza. Sus plumas
poseen una capa hidrófuga que les
impermeabiliza durante sus inmersiones.
Su cuerpo fusiforme es totalmente
hidrodinámico y le permite bucear a
velocidades de 6 a 9 km/h. En sus
zambullidas puede aguantar hasta
20 minutos bajo el agua y alcanzar
profundidades de hasta 500 m.

COMPORTAMIENTO SOCIAL

Son los únicos que inician su ciclo
reproductor en el otoño austral. Para ello se
adentran decenas de kilómetros en el hielo
antártico, hacia las zonas de cría. Después
de emparejarse, la hembra pone un único
huevo que cederá al macho, quien lo coloca
sobre sus patas y lo cubre con un pliegue
ventral de su piel, impidiendo que toque el
hielo en todo momento. La hembra
liberada vuelve al mar a alimentarse,
mientras que los machos incuban los
huevos apiñados en grandes grupos para
conservar el calor.

El huevo eclosiona a los 65 días y el
polluelo permanece al abrigo de su padre.
La hembra, aprovisionada de reservas,
vuelve a la colonia entre el periodo de
eclosión y diez días más tarde. Se realiza el
relevo y el macho inicia su viaje al mar para
recuperar toda la energía invertida. Una vez
alimentado, el macho regresa y ambos
padres se turnan para alimentar y criar al
polluelo durante la oscuridad del invierno
antártico.

COMBATIR EL FRÍO

Los pingüinos emperadores soportan
temperaturas de -20 ℃ con unos vientos
helados que superan los 25 km/h, pero
unas adaptaciones fisiológicas y de
conducta le permiten sobrevivir. Por un

lado, su cuerpo tiene una relación entre el
volumen y la superficie muy baja, por lo
que se reduce la pérdida de calor. Los vasos
sanguíneos por los que circula la sangre de
los pies hasta la cabeza están muy próximos
a las venas que redirigen la sangre hacia el
interior del cuerpo, por lo que se templa el
torrente sanguíneo que viene de vuelta.
Sus plumas son muy densas y largas,
dispuestas en varias capas que les cubren
hasta los pies. Almacenan grandes
cantidades de grasa que les permite
aguantar un ayuno de 115 días en el macho
y 64 días en la hembra.

EL TAMAÑO DEL PICO del pingüino llama
mucho la atención frente al de su cabeza.

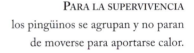

PARA LA SUPERVIVENCIA
los pingüinos se agrupan y no paran
de moverse para aportarse calor.

EN FAMILIA es como vive el pingüino
emperador en el paisaje antártico dominado
por el hielo y la nieve.

Pero la estrategia fundamental es el grupo.
Pueden reunirse grupos de hasta 5.000
individuos apretados entre sí a una
densidad de diez por metro cuadrado. Así
se consigue una reducción de la pérdida de
calor de hasta un 50%. Los pingüinos
realizan movimientos dentro del grupo
para que ningún ave quede expuesta de
manera continua al frío.

AVES DE CAZA

SON AVES COMPACTAS, DE HECHURA PESADA, CON CABEZA PEQUEÑA Y PICO ROBUSTO. LA MAYORÍA NO SE CARACTERIZA POR SER MUY LLAMATIVAS O POR TENER UN VUELO PERFECTO, PERO PARA EL HOMBRE POSEEN UN GRAN VALOR PUESTO QUE SON OBJETO DE SU CAZA Y CRÍA COMO ALIMENTO.

Faisán común (*Phasianus colchicus*).

Tanto las gallináceas como los colúmbidos albergan en su mayoría especies cinegéticas. No sólo son cazadas por los predadores salvajes, sino que el hombre también se une a la caza de estas aves, fuente de ricas proteínas.

Los colúmbidos están integrados por las palomas, y las gallináceas por pavos, faisanes, codornices, gallinas y chachalacas. Ambos grupos poseen especies que han sido domesticadas por el hombre. Son aves terrestres distribuidas por todos los continentes salvo en la Antártida, y que habitan en todo tipo de hábitats: desde zonas boscosas a la alta montaña o hasta la helada tundra, e incluso en zonas urbanas es posible encontrar a este grupo de aves.

PALOMAS

Su sentido de la orientación ha sido ampliamente estudiado y explotado. Como mensajeras tuvieron un papel relevante durante la Segunda Guerra Mundial. Tienen una amplia distribución, aunque faltan en la Antártida, zonas desérticas y las muy septentrionales.

Su cuerpo recuerda al de las gallináceas: son compactas, rechonchas y con un pico corto, pero son muy buenas y resistentes voladoras, capaces de recorrer varios kilómetros en busca de alimento. Sus potentes músculos pectorales les permiten desarrollar en vuelo velocidades medias de 70 km/h. Por otra parte, el plumaje suele tener coloridos discretos con tonos grises, pardos o rosados.

Las palomas son monógamas y pueden emparejarse para toda la vida. Construyen su nido, hecho con ramitas, sobre los árboles, aunque a veces en el suelo. Su puesta consiste en dos huevos, en la mayoría de las especies, que incuban durante 13-18 días. Al eclosionar, los pichones son alimentados con la leche que ambos padres segregan del buche. Su composición química es parecida a la de los mamíferos. Durante la época de cría las paredes del buche se engrosan y presentan pliegues donde crecen células reticulares que segregan una sustancia lechosa rica en proteínas y grasas. Este alimento hace que el pichón se desarrolle rápidamente y sea capaz de volar con tan sólo dos semanas de vida.

GALLINÁCEAS

Tienen enemigos en todas partes y es que son el grupo de aves más perseguidas. Su gran mortalidad se compensa con su alta tasa reproductiva.

Por lo general, su cuerpo es rechoncho, con pico corto y robusto. Las alas son redondeadas y fuertes, lo que les permite despegar casi en vertical. Las patas son gruesas con tres dedos dirigidos hacia delante y uno hacia atrás. La mayoría de las especies tiene un plumaje pardo o con un colorido que le permite el camuflaje. Otras especies poseen un colorido vistoso y se engalanan con largas plumas que les servirá para el cortejo.

DIVISIÓN	
Filo:	Chordata
Clase:	Aves
Orden:	Galliformes
Familia:	6
Especies:	281
Orden:	Columbiformes
Familia:	1
Especies:	307

Las palomas tienen un vuelo potente y una gran resistencia. Pueden recorrer varios kilómetros volando en busca de alimento.

La perdiz roja pertenece al grupo de las aves galliformes, que practican vuelo rápido y muy corto.

El francolín de cuello rojo (*Francolinus afer*) tiene un colorido de camuflaje típico de la mayoría de las gallináceas.

Las aves de corral son galliformes. En la imagen de la izquierda, un magnífico ejemplar de pavo real.

Son aves polígamas que hacen su nidos en el suelo, escondidos entre la vegetación, o bien excavando o aprovechando depresiones del terreno que mullen con vegetación. Su puesta es una de las más numerosas entre las aves ya que pueden poner desde uno hasta 20 huevos. La prole es nidífuga, es decir, abandona el nido en pocos días, incluso en horas. Está provista de plumón desde su nacimiento y es capaz de buscar por sí misma el alimento. Excavan con sus patas en el suelo en busca de semillas, insectos y otros invertebrados como lombrices. También se alimentan de bayas y frutos.

GRUPOS (de aves de caza)

ORDEN: Columbiformes
FAMILIA:
> **Columbidae** (palomas, tórtolas)

ORDEN: Galliformes
FAMILIAS:
> **Megapodiidae** (talégalas, megapodios)
> **Cracidae** (chachalacas)
> **Numididae** (gallinas de Guinea, pintadas)
> **Odontophoridae** (colines, codornices del Nuevo Mundo)
> **Phasianidae** (gallos, faisanes, pavos, perdices)

GALLINÁCEAS Y PALOMAS

Muchos de los representantes de estos dos grupos de aves nos resultan de sobra conocidos. Nuestras aves de corral, como pavos, gallos y gallinas, o las que son objeto de caza, como codornices, faisanes o perdices, pertenecen al orden de los galliformes; por su parte, las urbanitas palomas pertenecen al de las columbiformes, que cuentan también con una gran diversidad de representantes silvestres en bosques tropicales. Las palomas son aves robustas, su vuelo es potente y poseen una gran resistencia. Aunque la mayoría de las especies no poseen colores llamativos, los colúmbidos de las zonas tropicales lucen vistosos plumajes, en ocasiones con tocados en la cabeza a modo de crestas. Lo mismo sucede con los galliformes, de vuelo rápido pero corto; algunas especies, sobre todo las que anidan en el suelo, poseen colores crípticos que les hacen pasar totalmente inadvertidas en su medio.

CODORNIZ [Pm]
Coturnix sp.
Orden Galliformes
DISTRIBUCIÓN: por casi todo el mundo

TRAGOPÁN DE CABOT [Vu]
Tragopan caboti
Orden Galliformes
Distribución: China

PAVO REAL [Pm]
Pavo cristatus
Orden Galliformes
DISTRIBUCIÓN: Asia

PAVO COMÚN [Pm]
Meleagris gallopavo
Orden Galliformes
DISTRIBUCIÓN: Norteamérica, norte de México, Alemania, Nueva Zelanda

FAISÁN COMÚN [Pm]
Phasianus colchicus
Orden Galliformes
DISTRIBUCIÓN: Asia, Europa, Nueva Zelanda, Norteamérica

UROGALLO [Pm]
Tetrao urogallus
Orden Galliformes
DISTRIBUCIÓN: Inglaterra, Escandinavia, centro de Europa, Siberia, norte de Asia

FAISÁN DE EDWARDS [Ep]
Lophura edwardsi
Orden Galliformes
DISTRIBUCIÓN: Vietnam

PERDIZ DE CHUKAR [Pm]
Alectoris chukar
Orden Galliformes
DISTRIBUCIÓN: Norteamérica, Oriente Medio, Asia, Grecia, Bulgaria

PERDIZ ROUL ROUL [A]
Rollulus rouloul
Orden Galliformes
DISTRIBUCIÓN: Myanmar, Tailandia, Malasia, Brunei, Indonesia

FAISÁN DORADO [Pm]
Chrysolophus pictus
Orden Galliformes
DISTRIBUCIÓN: China, Malasia, Inglaterra

FRANCOLÍN [Pm]
Francolinus natalensis
Orden Galliformes
DISTRIBUCIÓN: Zimbabue,
Zambia, Swazilandia,
Mozambique, Sudáfrica,
Botsuana

TÓRTOLA TURCA [Pm]
Streptopelia decaocto
Orden Columbiformes
DISTRIBUCIÓN: Europa,
Egipto, sur de Asia, sur
de Estados Unidos

TÓRTOLA DOMESTICA [Pm]
Streptopelia risoria
Orden Columbiformes
DISTRIBUCIÓN: África,
Caribe, sur de Estados
Unidos

GALLINA DE GUINEA [Pm]
Numida meleagris
Orden Galliformes
DISTRIBUCIÓN: África
subsahariana, Marruecos,
Cabo Verde

PALOMA BRONCEADA COMÚN [Pm]
Phaps chalcoptera
Orden Columbiformes
DISTRIBUCIÓN:
Australia

TÓRTOLA EUROPEA [Pm]
Streptopelia turtur
Orden Columbiformes
DISTRIBUCIÓN: Europa y África
subsahariana (según la estación)

PALOMA BRAVÍA [Pm]
Columba livia
Orden Columbiformes
DISTRIBUCIÓN: Europa,
norte de África, sudoeste de
Asia, Norteamérica

TORTOLITA DIAMANTE [Pm]
Geopelia cuneata
Orden Columbiformes
DISTRIBUCIÓN: Australia

GALLO BANKIVA [Pm]
Gallus gallus
Orden Galliformes
DISTRIBUCIÓN:
Sudeste Asiático

PALOMA HUILOTA [Pm]
Zenaida macroura
Orden Columbiformes
DISTRIBUCIÓN: Canadá, Estados
Unidos, México, Panamá, Costa Rica

GURA VICTORIA [Vu]
Goura victoria
Orden Columbiformes
DISTRIBUCIÓN: Papúa
Nueva Guinea,
Indonesia

PALOMA DE NICOBAR [A]
Caloenas nicobarica
Orden Columbiformes
DISTRIBUCIÓN: Myanmar, Malasia,
India, Tailandia, Camboya, Vietnam,
Filipinas, Papúa Nueva Guinea, Palau,
Papúa Nueva Guinea, islas Salomón

LOROS

LOS PSITÁCIDOS SON UN GRUPO DE AVES MUY LLAMATIVO Y ATRACTIVO TANTO POR SUS PLUMAJES DE COLORES BRILLANTES COMO POR LA CURIOSA CAPACIDAD QUE TIENEN PARA IMITAR TODO TIPO DE SONIDOS, INCLUIDOS LOS HUMANOS.

DIVISIÓN

Filo:	Chordata
Clase:	Aves
Orden:	Psittaciformes
Familia:	2
Especies:	353

Grupo de papagayos azules (*Ara ararauna*).

Perico frentirrojo *(Aratinga ginschi)*.

Los loros y las cacatúas forman la más colorida avifauna de todos los bosques tropicales y subtropicales. Son aves bulliciosas con una voz estridente que llena el dosel arbóreo. Algunos de sus sonidos pueden oírse a 1,5 km de distancia. También se caracterizan por ser muy astutas y con una gran capacidad de aprendizaje. Son sociables y pueden reproducir las llamadas de otras aves, ruidos, palabras, etc., característica que las hace ser muy apreciadas como mascotas, pero que a su vez les pone en peligro, ya que suelen sucumbir al furtivismo que se realiza para su comercialización. Desafortunadamente, la familia de los loros es el grupo de aves más amenazado.

ANATOMÍA

El rasgo principal de esta ave lo constituye su pico. Es ancho, robusto y se curva hacia abajo como si fuera un garfio. La mandíbula superior está articulada con el hueso frontal, y la inferior, más corta, se distingue por su movilidad, lo que le permite usar el pico tanto para tareas de acicalamiento como para triturar nueces o semillas duras. También usan el pico para sujetarse a ramas o los troncos por donde trepan.

Presentan una gran variedad de tamaños que van desde los 9 cm al metro de longitud en las especies más grandes como los guacamayos. La cola también varía y puede ser corta o muy larga. Su plumaje es muy vistoso y predominan los tonos verdes, amarillos y rojos, pero también hay especies con tonalidades pardas más apagadas. Sus garras son zigodáctilas: tienen dos dedos hacia delante y dos hacia atrás.

COMPORTAMIENTO SOCIAL

La mayoría de los loros son especies sociables y gregarias, que se reúnen en parejas, familias o en numerosas bandadas. También son monógamos en su mayoría y, cuando se emparejan, lo hacen para toda la vida. Antes de la cópula inician una danza de cortejo que incluye reverencias, saltos, aleteos y golpeteos de las alas. Suelen anidar en huecos de las ramas y los troncos de los árboles; pocas especies construyen nidos y algunas realizan complejas estructuras comunales con cámaras que albergan a cada pareja. Ponen del orden de uno a ocho huevos, que incuba la hembra por un periodo de 17 o 35 días según la especie. Cuando eclosionan, los polluelos son muy torpes y ambos progenitores se encargarán de alimentarlos hasta incluso después de que sean capaces de volar, cosa que logran tras tres o cuatro semanas de cría, o al cabo de tres meses en especies más grandes. Los loros son animales muy longevos que pueden vivir de 15 a 75 años.

Cotorrita del sol *(Aratinga solstitialis)*.

ALIMENTACIÓN

Casi todos los loros se alimentan de frutos y semillas, pero también de otras materias vegetales, como flores, brotes, néctar y polen. A veces pueden comer insectos. Y existe una excepción que se alimenta de carroña, el loro kea, de Nueva Zelanda, que incluso ha llegado a atacar y herir a ovejas con el fin de ingerir su grasa. Se ayudan de las patas y de su pico para alimentarse. La disposición de sus dedos les permite agarrar el alimento y continuar pelándolo con el pico y sacar la parte comestible de semillas y frutos con su gruesa lengua. Aunque el término loro se utiliza para designar a todos los miembros de este orden, sólo una de las dos familias incluye a los loros verdaderos.

GRUPOS (de aves de psitácidas)

ORDEN: **Psittaciformes**
FAMILIA:
   Psittacidae (loros, papagayos, guacamayos)
   Cacatuidae (cacatúas)

Guacamayo rojo *(Ara macao)*.

Los loros y cacatúas se alimentan de frutas, semillas y materias vegetales de las más variadas texturas y durezas, ya que utilizan sus garras para sujetar el alimento que pueden pelar hábilmente con su potente pico ganchudo.

LOROS Y CACATÚAS

Los loros verdaderos (como así se denominan las especies pertenecientes a la familia Psittacidae) y las cacatúas (de la familia Cacatuidae) tienen en realidad más rasgos comunes que diferencias, aunque lo que verdaderamente los distingue es el penacho de plumas eréctiles que lucen las cacatúas y sus colores (blanco, gris, rosado, negro), menos llamativos que los de los loros verdaderos. Además, de media las cacatúas son más grandes que los loros, salvo la carolina (*Nymphicus hollandicus*), que mide unos 30 cm y está muy extendida como mascota.

Pero lo que más llama la atención de los loros, papagayos, cotorras y cacatúas es su increíble colorido y singular plumaje que destacan entre el dosel arbóreo de los bosques tropicales donde habitan. Esta característica, junto a que son aves inteligentes y de gran capacidad adaptativa, hace que los psitácidos tengan el triste honor de ser el grupo de aves más amenazado del planeta.

PERIQUITO COMÚN Pm
Melopsittacus undulatus
Orden Psittaciformes
DISTRIBUCIÓN: Estados Unidos (Florida), Australia, Sudáfrica, Japón, Puerto Rico, Nueva Zelanda

GUACAMAYO AZUL Y AMARILLO Pm
Ara ararauna
Orden Psittaciformes
DISTRIBUCIÓN: Bolivia, Brasil, Colombia, Paraguay, México, Panamá

GUACAMAYO ROJO Y VERDE Pm
Ara chloroptera
Orden Psittaciformes
DISTRIBUCIÓN: Argentina, Brasil, Colombia, Ecuador, Perú, Panamá

INSEPARABLE ENMASCARADO Pm
Agapornis personatus
Orden Psittaciformes
DISTRIBUCIÓN: Tanzania, Kenia, Burundi

YACO A
Psittacus erithacus
Orden Psittaciformes
DISTRIBUCIÓN: África

LORO ARCOIRIS Pm
Trichoglossus haematodus
Orden Psittaciformes
DISTRIBUCIÓN: Papúa Nueva Guinea, Timor, Australia, Bali

CACATÚA DE MOÑO AMARILLO Pm
Cacatua galerita
Orden Psittaciformes
DISTRIBUCIÓN: Australia, Papúa Nueva Guinea, Nueva Zelanda

LORITO ROBUSTO Pm
Poicephalus robustus
Orden Psittaciformes
DISTRIBUCIÓN: África

CACATÚA DE LAS PALMAS Pm
Probosciger aterrimus
Orden Psittaciformes
DISTRIBUCIÓN: Australia, Papúa Nueva Guinea

**PERICO MAORÍ
CABECIRROJO** [Vu]
Cyanoramphus novaezelandiae
Orden Psittaciformes
DISTRIBUCIÓN: Nueva
Zelanda, Australia

**AMAZONA DE NUCA
AMARILLA** [Pm]
Amazona auropalliata
Orden Psittaciformes
DISTRIBUCIÓN:
México, Costa
Rica

CAROLINA [Pm]
Nymphicus hollandicus
Orden Psittaciformes
DISTRIBUCIÓN: Australia

LORI CARDENAL [Pm]
Chalcopsitta cardinalis
Orden Psittaciformes
DISTRIBUCIÓN: Papúa Nueva
Guinea, islas Salomón

GUACAMAYO JACINTO [Ep]
Anodorhynchus hyacinthinus
Orden Psittaciformes
DISTRIBUCIÓN: Brasil, Bolivia,
Paraguay

**LORO
ECLECTO** [Pm]
Eclectus roratus
Orden Psittaciformes
DISTRIBUCIÓN: Papúa
Nueva Guinea, islas
Salomón, Australia

**COTORRA
DE CABEZA
DORADA** [A]
Aratinga auricapilla
Orden Psittaciformes
DISTRIBUCIÓN: Brasil

**COTORRITA
DEL SOL** [Ep]
Aratinga solstitialis
Orden Psittaciformes
DISTRIBUCIÓN:
Sudamérica

**ROSELLA
AMARILLA** [Pm]
Platycercus elegans flaveolus
Orden Psittaciformes
DISTRIBUCIÓN: Australia

AVES ZANCUDAS

LAS ZANCUDAS SE CARACTERIZAN POR TENER UNAS PATAS MUY LARGAS EN RELACIÓN A SU CUERPO Y ES QUE NECESITAN UNOS LARGOS ZANCOS PARA ANDAR POR EL LECHO BLANDO Y HÚMEDO DE LOS TERRENOS DONDE SE ALIMENTAN.

Grulla sarus (*Grus antigone*).

CIGÜEÑAS

La familia de las cigüeñas son grandes aves zancudas símbolo de buen agüero para muchas culturas. Algunas cigüeñas como la blanca y la negra son migratorias, pero en general se distribuyen por zonas templadas de Europa y tropicales de África, India, Sudamérica, América central y Oceanía. Pueden llegar a pesar 7 kg y medir hasta 1,50 m de altura con una envergadura alar de 2,90 m. Tienen una cabeza pequeña, un cuello largo y un pico, longilíneo y robusto. Su plumaje es blanco, gris y negro. Algunas especies son solitarias, pero las cigüeñas tienden a formar colonias. Prefieren reproducirse en épocas de bonanza alimentaria, y para ello construyen enormes nidos sobre árboles o plataformas. Depositan de uno a cuatro huevos que incuban ambos progenitores durante un mes. Cuando eclosionan, los polluelos son alimentados por los padres y no abandonarán el nido hasta pasados dos o cuatro meses. Se alimentan de peces, anfibios e insectos que pululan por los prados y zonas pantanosas.

GRULLAS

Son las aves voladoras más altas (algunas pueden medir 1,80 m) y poseen un vuelo y formas muy elegantes. Salvo el pico que es mucho más corto que el de garzas y cigüeñas, todo en ellas es alargado, su cuerpo, sus finas patas y el cuello. Cuando vuelan, estiran el cuello y las patas para conseguir una figura aerodinámica. Son potentes voladoras capaces de elevarse hasta 8.000 m de altitud en sus viajes migratorios. Son monógamas y territoriales en periodo de cría. Macho y hembra producen una serie de llamadas muy sonoras que afianzan la pareja. Construyen una plataforma a modo de nido sobre las aguas someras o la hierba corta. Ponen de uno a tres huevos que incuban durante 28-36 días; durante el día lo hace el macho y la hembra durante la noche. Quien no está incubando busca alimento para su compañero. Los polluelos nacen bastante desarrollados y pronto salen a acompañar a sus padres en la captura del alimento por la charca.Se alimentan de peces pequeños, insectos y han sabido sacar beneficio de las semillas de los campos de cultivo que visitan durante sus rutas migratorias.

GARZAS Y PARIENTES

Tanto garzas como ibis y espátulas son aves esbeltas que siempre se avistan en zonas encharcadas tanto marinas como dulceacuícolas.

Las cigüeñas blancas (*Ciconia ciconia*) son habituales de zonas pobladas por el hombre, pero acuden a alimentarse a prados y humedales donde atrapan ranas, lagartijas y otros pequeños vertebrados.

DIVISIÓN	
Filo:	Chordata
Clase:	Aves
Orden:	Ciconiiformes
Familia:	1
Especies:	19
Orden:	Gruiformes
Familia:	1 de 5
Especies:	15
Orden:	Pelecaniformes
Familia:	4 de 5
Especies:	102
Orden:	Phoenicopteriformes
Familia:	1
Especies:	6

Los tres grupos de aves tienen unos picos muy diferenciados. Las garzas poseen un pico largo y afilado como una lanza con el que pesca peces, crustáceos, anfibios y reptiles; los ibis lucen un pico fino y alargado curvado hacia abajo con el buscan entre el fango los animalillos acuáticos que se esconden en él; las espátulas poseen un característico pico largo y aplanado más ancho en la punta con el que revuelven el fango y atrapan pececillos, gambas, caracoles e insectos acuáticos. Algunas especies de garzas como los avetoros suelen ser más solitarias y les gusta pescar lejos de otros individuos. Pero por lo general garzas, ibis y espátulas son sociables y forman grandes grupos en charcas y lagunas mientras rastrean piezas con sus picos. Estas aves construyen grandes nidos entre arbustos o árboles. Ponen entre dos y cinco huevos y hasta siete en el caso de ibis y espátulas, que incubarán de 20 a 30 días hasta que eclosionen de forma escalonada. Los polluelos se desarrollan con rapidez y son capaces de salir del nido en pocos días, pero seguirán siendo alimentadas por sus padres durante dos o tres meses.

FLAMENCOS

Su sinuosa figura y color rosado hacen del flamenco un ave inconfundible que se agrupa en numerosas colonias en lagos y humedales de aguas salobres del sur de Europa, África, sudoeste asiático, India y Chipre. Los flamencos son altos, llegan a medir 1,45 m y pesar hasta 3 kg. Tienen un

Garzas buscando alimento. A la izquierda, un flamenco (*Phoenicopterus ruber*).

cuerpo delgado sobre unas patas larguísimas. Igualmente largo es su cuello que, siempre dispuesto en forma de S, soporta una cabeza muy pequeña. Su pico también es muy peculiar porque la mandíbula de arriba es mucho más pequeña que la de abajo, voluminosa y con forma de bebedero; ambas está forradas por unas laminillas que utilizará para filtrar los sedimentos. La mitad del pico hacia la punta es negro, mientras que el resto, como su plumaje, luce su característico color rosa anaranjado. Pasan todo el día y casi toda la noche alimentándose por filtración en las aguas someras de las lagunas. Colocan el pico de forma invertida en el agua, con la lengua succionan agua que se acumula en el pico, luego es empujada a través de las laminillas en las que quedan atrapadas pequeñas presas.

GRUPOS (de zancudas)

ORDEN: Ciconiiformes
FAMILIA:
   Ciconiidae (cigüeñas, marabúes)

ORDEN: Gruiformes
FAMILIA:
   Gruidae (grullas)

ORDEN: Pelecaniformes
FAMILIAS:
   Balaenicipitidae (picozapato)
   Scopidae (ave martillo)
   Ardeidae (garzas)
   Threskiornithidae (ibis y espátulas)

ORDEN: Phoenicopteriformes
FAMILIA:
   Phoenicopteridae (flamencos)

CIGÜEÑAS, GARZAS, GRULLAS, FLAMENCOS

Las aves pertenecientes a este grupo genérico denominado zancudas suelen ser ribereñas, les gustan las aguas poco profundas o vadean terrenos húmedos. Por lo general, el cuello, el pico y las patas son largos, lo que les permite buscar alimento sin necesidad de tener que sumergir todo el cuerpo. Cabe señalar ciertas diferencias en los picos de estas aves que revelan una alimentación más especializada. Así, los flamencos poseen un pico grueso y curvado hacia abajo, con laminillas en los bordes a través de las cuales filtra el limo para procurarse los pequeños animales y plantas de que se alimenta. Los picos largos y afilados como los de garzas y cigüeñas permiten atrapar las presas golpeándolas con su pico como si fuera un estoque. El extremo ancho del pico de la espátula es muy sensible, lo que le permite advertir rápidamente la presencia de posibles presas como larvas y pececillos. Las grullas poseen un pico delgado pero más corto adaptado a una dieta más omnívora. Con él pueden atrapar pececillos, insectos, semillas o escarbar en la tierra húmeda en busca de tubérculos.

GRULLA CANADIENSE Pm
Grus canadensis
Orden Gruiformes
DISTRIBUCIÓN: Norteamérica, Siberia

FOCHA COMÚN Pm
Fulica atra
Orden Gruiformes
DISTRIBUCIÓN: Europa, norte de África, Oriente Medio, China, Japón, Australasia, Sudeste Asiático, India

GRULLA CORONADA CUELLINEGRA Vu
Balearica pavonina
Orden Gruiformes
DISTRIBUCIÓN: Sahel, Senegal, Etiopía, Kenia

GRULLA REAL GRIS Vu
Balearica regulorum
Orden Gruiformes
DISTRIBUCIÓN: Kenia, Uganda, Sudáfrica, Angola, Namibia

CALAMÓN Pm
Porphiro porphiro
Orden Gruiformes
DISTRIBUCIÓN: África, Asia, Europa, Australia

IBIS ESCARLATA Pm
Eudocimus ruber
Orden Pelecaniformes
DISTRIBUCIÓN: Sudamérica

GARZA DEL SOL Pm
Eurypyga helias
Orden Gruiformes
DISTRIBUCIÓN: Guatemala, Brasil, México

IBIS SAGRADO Pm
Threskiornis aethiopicus
Orden Pelecaniformes
DISTRIBUCIÓN: África subsahariana, Madagascar, islas Canarias

GARCETA NÍVEA Pm
Egretta thula
Orden Pelecaniformes
DISTRIBUCIÓN: Estados
Unidos, México,
Antillas, Chile,
Argentina

FLAMENCO Pm
Phoenicopterus ruber
Orden
Phoenicopteriformes
DISTRIBUCIÓN:
Centroamérica

**FLAMENCO
COMÚN** Pm
Phoenicopterus roseus
Orden
Phoenicopteriformes
DISTRIBUCIÓN: África
subsahariana, oeste de
África, zona
Mediterráneo, suroeste
de Asia

AVE MARTILLO Pm
Scopus umbretta
Orden Pelecaniformes
DISTRIBUCIÓN: este
de África

**TÁNTALO
AFRICANO** Pm
Mycteria ibis
Orden Ciconiiformes
DISTRIBUCIÓN: África
subsahariana, Sudáfrica,
Marruecos, Senegal,
Madagascar

**GARZA
MEDIANA** Pm
Mesophoyx intermedia
Orden Pelecaniformes
DISTRIBUCIÓN: norte
de Asia y Filipinas y
Borneo (según la
estación)

**TÁNTALO
INDIO** A
Mycteria leucocephala
Orden Ciconiiformes
DISTRIBUCIÓN: Sri Lanka,
Indochina, sur de China

CIGÜEÑA Pm
Ciconia ciconia
Orden Ciconiiforme
DISTRIBUCIÓN: sur de Europa,
Oriente Medio, oeste y centro de
Asia, sur de África

**ESPÁTULA
ROSADA** Pm
Platalea ajaja
Orden Pelecaniformes
DISTRIBUCIÓN: sur
de Estados Unidos,
Centroamérica,
Sudamérica

MARABÚ Pm
Leptoptilos crumeniferus
Orden Ciconiiformes
DISTRIBUCIÓN: África
subsahariana, Gabón,
Angola, Sudáfrica

**GARZA
CENIZA** Pm
Ardea herodias
Orden Pelecaniformes
DISTRIBUCIÓN:
Norteamérica

PASERINOS

SI SALIMOS A LA CALLE, PASEAMOS POR UN BOSQUE, PENETRAMOS EN LA SELVA O LA SABANA, ES PROBABLE QUE EL PRIMER PÁJARO CON EL QUE NOS TOPEMOS SEA UN PASERINO. MÁS DE LA MITAD DE LAS AVES PERTENECE AL ORDEN DE LOS PASSERIFORMES Y MUCHAS DE ELLAS EMITEN LOS TRINOS MÁS BELLOS DEL MUNDO DE LAS AVES.

DIVISIÓN	
Filo:	Chordata
Clase:	Aves
Orden:	Passeriformes
Familia:	80-82
Especies:	5.500 aprox.

Pareja de cardenales rojos.

Los paserinos tienen un área de dispersión muy extensa: se les puede encontrar en todos los continentes, salvo en la Antártida. Suelen ser pequeños, aunque hay excepciones. Un grupo tan grande presenta una enorme variedad de especies; así, encontramos en él desde los canarios, hasta los cuervos pasando por las aves del paraíso y las golondrinas. Cuesta creer que haya algo común a todas estas aves que justifique su pertenencia a un mismo orden, pero los paserinos se caracterizan por la capacidad de agarre de sus patas y por una peculiaridad de su garganta que les permite emitir un canto propio de cada especie.

ANATOMÍA

Los paserinos suelen ser pequeños, aunque la familia de los córvidos puede tener grandes dimensiones, ya que algunos ejemplares alcanzan los 65 cm. Los picos también presentan una gran diversidad de formas y tamaños pues están adaptados a cada tipo de alimentación. Pero estas aves carecen de cera en sus picos, la membrana carnosa donde se sitúan las fosas nasales. Común a todos ellos son las patas: poseen cuatro dedos, tres miran hacia delante y el interior hacia atrás que tiene una uña curva muy desarrollada. Además, todos los dedos están al mismo nivel, por lo que sobre una rama pueden cerrarlos firmemente y quedar bien sujetos. Estas patas prensiles

les permiten ir continuamente de rama en rama, incluso dormir aferrados a ellas, por eso también son conocidos como pájaros de percha.

Otro rasgo distintivo de los paserinos es la siringe, el órgano específico que tienen las aves para emitir sonidos, que en este orden está mucho más desarrollado que en otros pájaros. Este órgano les permite emitir una serie de sonidos con estructura y armonía que repiten convirtiéndolos en melodiosos cantos.

ALIMENTACIÓN

Sus hábitos alimenticios son de lo más variado, pues se ajustan a las múltiples características de estas aves. Pero por lo general, al ser tan pequeños y tener un metabolismo rápido, necesitan bastante energía que consiguen de semillas, frutos, néctar y de la captura de invertebrados o pequeños vertebrados. Algunas familias se

Herrerillo común (*Cyanistes caeruleus*).

Los paserinos también reciben el nombre de aves de percha porque son capaces de agarrarse firmemente a ramas o palos y dormir en esa postura. A la derecha, un diamante de Gould (*Erythrura gouldiae*).

especializan en un único tipo de alimento y pueden ser frugívoros, granívoros, insectívoros, o incluso carnívoros, pero en su mayoría tienden a alimentarse de forma omnívora. Muy pocas especies de paserinos son acuáticas; un ejemplo es el mirlo acuático que se adentra en arroyos y ríos y anda por el lecho volteando piedras y capturando las larvas de insectos.

REPRODUCCIÓN

No resulta sencillo establecer un carácter general común a todo el orden, pero es cierto que los paserinos macho realizan un cortejo más o menos sofisticado para seducir a la hembra. Su nidificación y número de huevos también varía según la especie. La incubación está en torno a las dos semanas, en especies pequeñas, y más de tres en las más grandes. Sí es común a este orden que los polluelos sean nidícolas, es decir, tardan en abandonar el nido. Al nacer tienen lo ojos cerrados y carecen de plumas; están totalmente desvalidos y precisan la atención continua de los padres que parten frecuentemente en busca de comida. Los

Herrerillo común (*Cyanistes caeruleus*).

Jilguero canario (*Carduelis tristis*).

polluelos suelen tener la boca grande y con colores llamativos para atraer la atención de los padres y motivarlos a que les alimenten. Cuando sean lo suficientemente fuertes, abandonarán el nido.

El orden engloba alrededor de 80 familias de las cuales citaremos algunas de las más conocidas:

GRUPOS (de aves Passeriformes)

Orden: Passeriformes
FAMILIAS:
   Corvidae (cuervos, cornejas, chovas y arrendajos)
   Laniidae (alcaudones)
   Oriolidae (oropéndolas)
   Paradisaeidae (pájaros del paraíso, aves del paraíso)
   Alaudidae (alondras, calandria, cogujadas y terreras)
   Cinclidae (mirlos)
   Estrildidae (pinzones)
   Fringillidae (camachuelos, pardillos, jilgueros, lúganos, picogordos)
   Hirundinidae (golondrinas y aviones)
   Paridae (carboneros y herrerillos)
   Passeridae (gorriones)

PASERINOS

Dado su extraordinario número (alrededor de 5.000 especies), los Passeriformes tienen un área de dispersión muy extensa. Prácticamente se encuentran en todo el globo, y es que la mayoría de las aves conocidas pertenecen a este orden, lo que da lugar a que abunden especies muy distintas entre sí. Aves del paraíso, currucas, jilgueros, gorriones, alcaudones, cuervos, ruiseñores, golondrinas… Son especies vivaces, resistentes, cantarinas y rara vez llevan una vida aislada; por lo general se emparejan en época reproductiva para luego formar parte de una bandada el resto del año. Como hemos visto en páginas anteriores, hay dos características comunes a las especies de este orden: sus patas adaptadas para la prensión mediante un mecanismo por el cual, al posarse en las ramas, un tendón cierra la pata impidiendo que el pájaro se caiga; y la siringe, que les permite modular cantos y trinos, algunos muy armoniosos.

OTRAS ESPECIES

ALCAUDÓN DORSIRROJO Pm
Lanius collurio
Orden Passeriformes
DISTRIBUCIÓN: Europa

CANARIO Pm
Serinus canaria
Orden Passeriformes
DISTRIBUCIÓN: Canarias, Madeira, Azores, Hawái, Bermudas

CARDENAL ROJO Pm
Cardinalis cardinalis
Orden Passeriformes
DISTRIBUCIÓN: Norteamérica, Centroamérica

COGUJADA COMÚN Pm
Galerida cristata
Orden Passeriformes
DISTRIBUCIÓN: Europa, Asia, África

ARRENDAJO AZUL Pm
Cyanocitta cristata
Orden Passeriformes
DISTRIBUCIÓN: Norteamérica

CARBONERO DE CRESTA NEGRA Pm
Baeolophus bicolor
Orden Passeriformes
DISTRIBUCIÓN: Estados Unidos

PINZÓN VULGAR Pm
Fringilla coelebs
Orden Passeriformes
DISTRIBUCIÓN: Inglaterra, norte de Europa

PETIRROJO Pm
Erithacus rubecula
Orden Passeriformes
DISTRIBUCIÓN: Europa, norte de África

HERRERILLO COMÚN Nr
Cyanistes caeruleus
Orden Passeriformes
DISTRIBUCIÓN: Europa, norte de África, Oriente Medio

CARPODACO DOMÉSTICO Pm
Carpodacus mexicanus
Orden Passeriformes
DISTRIBUCIÓN: Norteamérica, Centroamérica

CARBONERO COMÚN Pm
Parus major
Orden Passeriformes
DISTRIBUCIÓN: Europa, Asia

DIAMANTE DE GOULD Ep
Erythrura gouldiae
Orden Passeriformes
DISTRIBUCIÓN: Australia

DIAMANTE MANDARÍN Pm
Taeniopygia guttata
Orden Passeriformes
DISTRIBUCIÓN: Australia

ZORZAL REAL Pm
Turdus pilaris
Orden Passeriformes
DISTRIBUCIÓN: Europa, Asia

LAVANDERA BLANCA Pm
Motacilla alba
Orden Passeriformes
DISTRIBUCIÓN: Norteamérica, sur de Europa, África, islas desde Japón hasta Filipinas

MINA COMÚN Pm
Acridotheres tristis
Orden Passeriformes
DISTRIBUCIÓN: Turkistán, Himalayas, India, Sri Lanka, Sudeste Asiático, Sudáfrica, Australia, Nueva Zelanda

GRANADINA AZUL Pm
Uraeginthus angolensis
Orden Passeriformes
DISTRIBUCIÓN: África

JILGUERO Pm
Carduelis carduelis
Orden Passeriformes
DISTRIBUCIÓN: Eurasia, Inglaterra

TREPADOR AZUL AMERICANO Pm
Sitta canadensis
Orden Passeriformes
DISTRIBUCIÓN: por casi todo el mundo

ZANATE Pm
Quiscalus quiscula
Orden Passeriformes
DISTRIBUCIÓN: Norteamérica

URRACA Pm
Pica pica
Orden Passeriformes
DISTRIBUCIÓN: Europa, Asia

OROPÉNDOLA Pm
Oriolus oriolus
Orden Passeriformes
DISTRIBUCIÓN: Europa, Asia y África (según la estación)

AVIÓN ZAPADOR Pm
Riparia riparia
Orden Passeriformes
DISTRIBUCIÓN: América, Europa, Asia, África

OTRAS ESPECIES

CORNEJA CENICIENTA Nr
Corvus cornix
Orden Passeriformes
DISTRIBUCIÓN: Inglaterra

CORNEJA NEGRA Pm
Corvus corone
Orden Passeriformes
DISTRIBUCIÓN: Inglaterra y oeste de Europa, Asia

DRONGO CENIZO Pm
Dicrurus leucophaeus
Orden Passeriformes
DISTRIBUCIÓN: Asia

GORRIÓN COMÚN Pm
Passer domesticus
Orden Passeriformes
DISTRIBUCIÓN: por casi todo el mundo

ISABELA Pm
Lonchura striata
Orden Passeriformes
DISTRIBUCIÓN: Asia

MIRLO Pm
Turdus merula
Orden Passeriformes
DISTRIBUCIÓN: Europa, Irán, Himalayas, China

MOSQUITERO COMÚN Pm
Phylloscopus collybita
Orden PASSERIFORMES
DISTRIBUCIÓN: oeste de Europa, sur de Asia, norte de África

TANGARA ALIBLANCA MIGRATORIA Pm
Piranga ludoviciana
Orden Passeriformes
DISTRIBUCIÓN: Norteamérica, Centroamérica

GOLONDRINA COMÚN Pm
Hirundo rustica
Orden Passeriformes
DISTRIBUCIÓN: América, Europa, Asia, norte de África

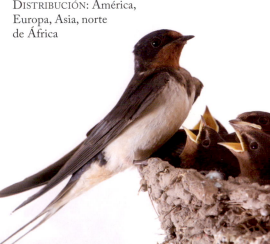

AVES SINGULARES
(AVESTRUCES, COLIBRÍES, TUCANES, CÁLAOS)

EL MUNDO DE LAS AVES ESTÁ LLENO DE RAREZAS Y DE BELLEZAS, PERO HEMOS ELEGIDO EL AVESTRUZ, EL COLIBRÍ, EL TUCÁN Y EL CÁLAO PORQUE ALGO EN ELLOS SE SALE FUERA DE LO NORMAL Y LO VAMOS A ANALIZAR.

Colibrí zunzún (*Chlorostilbon ricordii*). Los colibríes son tan rápidos en su batir de alas (70 veces por segundo) que el ojo humano es incapaz de diferenciar las alas cuando vuelan.

No existen muchos caprichos en la naturaleza y lo que parece serlo suele responder a una causa más que justificada. Esos caprichos son fruto de la evolución, dieron buenos resultados en algún momento y se perpetuaron en el tiempo hasta llegar a nuestros días.

AVESTRUZ

A principios del Paleoceno, hace unos 65 millones de años, no había mamíferos carnívoros; el nicho ecológico de los predadores ya se hallaba ocupado por grandes aves predadoras no voladoras y los reptiles modernos. Por eso, ante la falta de necesidad de volar para escapar, algunas aves fueron durante millones de años perdiendo esta facultad y modificando su estructura ósea, dando lugar al linaje de las Ratites, en la actualidad Struthioniformes, al que pertenecen avestruces, emúes, casuarios, ñandúes y kiwis.

El avestruz es el ave no voladora más grande del mundo, puede alcanzar los 2,74 m de altura y pesar 115 kg. La cabeza y el cuello pueden tener 1,4 m de largo. La falta de quilla, el hueso al que se insertan los músculos pectorales preparados para el vuelo, es lo que impide que este ave vuele. Sin embargo, ha desarrollado unas potentes patas que son excelentes para la carrera. El avestruz puede dar grandes zancadas y correr a 50 km/h de media. Estas aves son territoriales. En la época de apareamiento, el macho excava una serie de hoyos en su territorio, y la hembra elegirá uno de ellos para poner hasta una docena de huevos. Ambos progenitores comparten la incubación de los huevos que se prolonga hasta 42 días. Cuando nacen, las crías están bien desarrolladas, pero son protegidas por el padre que puede acoger incluso a las de otras familias.

COLIBRÍ

Si el avestruz es el ave más grande, entre los colibríes está la más pequeña: el colibrí zunzunito (*Mellisuga helenae*) pesa menos de 2 g. Esta familia de los apodiformes sólo se encuentra en América, desde las Rocosas hasta Tierra de Fuego, y en algunas islas caribeñas. Se han adueñado de un nicho ecológico no ocupado por ninguna otra ave: las flores. Los colibríes son muy pequeños, como mucho llegan a medir 22 cm y pesar 21 g, y destacan por sus brillantes coloridos. Sus picos son finos, alargados, en ocasiones muy largos para su tamaño (12 cm en el

El aspecto de los cálaos es inconfundible, con su casco córneo fruto de la prolongación del pico y que llega a cubrir la cabeza, como sucede en el cálao bicorne (*Buceros bicornis*).

colibrí picoespada), y ligeramente curvados. Los colibríes son territoriales y el macho es polígamo. La hembra es la que se encarga de hacer el nido, incubar y alimentar a los polluelos. El nido suele tener forma de copa y está ligado a ramas o tallos con estructura de horquilla. Pone dos huevos que incuba durante 24 días. A los 41 días las crías abandonan el nido.

Dependen casi por completo de las secreciones azucaradas de las flores, el néctar, por lo que son nectarínidos. Aunque también pueden alimentarse de polen y pequeños insectos. Para conseguir el néctar deben adoptar una forma de vuelo muy concreta; tienen que permanecer suspendidos en el aire en una posición fija, mientras con su fino pico llegan al interior de la flor. Sólo un rapidísimo batido de las alas consigue mantener al colibrí quieto en el aire. Algunas especies baten las alas 70-80 veces por segundo. Este revoloteo requiere una musculatura y una osamenta más desarrollada y específica que en otras aves.

TUCÁN

Estos llamativos pájaros de pico tan desproporcionado viven en las selvas tropicales de América central y del sur y pertenecen, como los pájaros carpinteros, al orden de los Piciformes. Algunos científicos encuentran varias justificaciones al tamaño de su pico: lo usan para poder alcanzar los frutos en las ramas más finas de las copas de los árboles o para amedrentar a otras aves y espantarlas de su nidada dejando indefensos a los huevos y polluelos.

DIVISIÓN	
Filo:	Chordata
Clase:	Aves
Orden:	Struthioniformes
Familia:	5
Especies:	10
Orden:	Apodiformes
Familia:	3
Especies:	438
Orden:	Piciformes
Familia:	1-7
Especies:	350

El avestruz (*Struthio camelus*) es un ave gigante incapaz de volar, pero ha desarrollado unas musculosas patas con las que pueden correr a 50 km/h. Arriba, los tucanes derrochan colorido en sus desproporcionados picos, como el del tucán multicolor (*Ramphastos sulfuratus*).

Miden entre 30 y 79 cm de longitud y, en la especie más grande, el pico alcanza los 26 cm. A pesar de ser tan grande, el pico es ligero gracias a que posee una estructura doble: la parte interior está constituida por un tejido óseo de estructura esponjosa, mientras que la pared externa se caracteriza por su extraordinaria dureza, si bien es posible que los tucanes puedan fracturarse el pico. Suelen presentar colores brillantes y contrastados tanto en el pico como en el plumaje.

Se alimentan principalmente de frutas y bayas que arrancan con el extremo de su pico en forma de gancho y que luego trituran con el borde serrado del mismo. Pero también se nutren de insectos e incluso pueden dar caza a serpientes,

huevos y pollos de otra aves. Las parejas de tucanes anidan en los huecos de los árboles. Ponen de uno a cinco huevos que incuban ambos progenitores durante 16 días. Al eclosionar, los polluelos nacen ciegos y sin plumas. Ambos progenitores los alimentan, pero su desarrollo es muy lento; pasadas cuatro semanas apenas tienen plumas. No abandonan el nido hasta tener un plumaje que les permita volar, lo que puede ocurrir al cabo de 50 días.

GRUPOS (de aves singulares)

ORDEN: Struthioniformes
FAMILIAS:
- **Struthionidae** (avestruces)
- **Rheidae** (ñandúes)
- **Casuariidae** (casuario)
- **Dromaiidae** (emú)
- **Apterygidae** (kiwis)

ORDEN: Apodiformes
FAMILIAS:
- **Trochilidae** (colibríes)
- **Apodidae** (vencejos)
- **Hemiprocnidae** (vencejos arborícolas)

ORDEN: Piciformes
FAMILIAS:
- **Ramphastidae** (tucanes)
- **Lybiidae** (barbudos africanos)
- **Megalaimidae** (barbudos asiáticos)
- **Capitonidae** (barbudos americanos)
- **Semnornithidae** (tucanes barbudos)
- **Indicatoridae** (indicator)
- **Picidae** (pájaros carpinteros)

TUCANES, COLIBRÍES, CÁLAOS, AVESTRUCES

Estos son los cuatro órdenes que albergan algunas curiosidades ornitológicas. Los Struthioniformes corresponden a aves de gran tamaño que han perdido su capacidad para volar y carecen de quilla en el esternón, como el avestruz, ñandú, emú, casuario y kiwi. Los Apodiformes, que incluye a vencejos y colibríes, se caracterizan por tener, como indica el nombre del orden (apodo significa «sin pies»), las patas muy cortas, pero también los huesos del brazo y antebrazo muy reducidos, mientras que los huesos equivalentes a las manos son más largos. Los vencejos poseen unas largas alas con las que consiguen un vuelo muy veloz y, en el caso del colibrí, la agilidad y la rapidez de su batir de alas le permite mantenerse totalmente suspendido en el aire. Los Piciformes, como tucanes, jacamarás, carpinteros y barbudos, constituyen un orden de aves que tienen en común su costumbre escaladora, ya que poseen unos pies dotados para trepar; las uñas son largas y robustas y los dedos se disponen dos delante y dos detrás. El orden de los Coraciiformes agrupa aves muy coloridas como los martines pescadores, abejarucos, carracas, abubillas y cálaos que suelen anidar en cavidades excavadas en tierra o en la madera. Y tienen en común la sindactilia, es decir, que de sus cuatro dedos los tres que miran hacia delante están más o menos unidos en la base.

TUCÁN DE PICO MULTICOLOR Pm
Ramphastos sulfuratus
Orden Piciformes
DISTRIBUCIÓN: México, Colombia, Venezuela

COLIBRÍ DE PICO ANCHO Pm
Cynanthus latirostris
Orden Apodiformes
DISTRIBUCIÓN: sur de Estados Unidos, México

COLIBRÍ DE GARGANTA ROJA Pm
Archilochus colubris
Orden Apodiformes
DISTRIBUCIÓN: Norteamérica, Centroamérica

COLIBRÍ ALA DE SABLE VIOLETA Pm
Campylopterus hemileucurus
Orden Apodiformes
DISTRIBUCIÓN: Centroamérica, norte de Sudamérica

CÁLAO TROMPETERO Pm
Bycanistes bucinator
Orden Coraciiformes
DISTRIBUCIÓN: África subsahariana

AVESTRUZ Pm
Strutiho camelus
Orden Struthioniformes
DISTRIBUCIÓN: África

ABEJARUCO COMÚN Pm
Merops apiaster
Orden Coraciiformes
DISTRIBUCIÓN: Europa, África

CÁLAO DE SULAWESI Pm
Aceros cassidix
Orden Coraciiformes
DISTRIBUCIÓN: Indonesia

CÁLAO BICORNIO A
Buceros bicornis
Orden Coraciiformes
DISTRIBUCIÓN: Sudeste Asiático

CÁLAO TERRÍCOLA
Bucorvus leadbeateri
Orden Coraciiformes
DISTRIBUCIÓN: África

TUCÁN DE SWAINSON Pm
Ramphastos swainsoni
Orden Piciformes
DISTRIBUCIÓN: América

TUCÁN GRANDE Pm
Ramphastos toco
Orden Piciformes
DISTRIBUCIÓN: Sudamérica

TUCÁN DE PICO ACANALADO Pm
Ramphastos vitellinus
Orden Piciformes
DISTRIBUCIÓN: Trinidad, Brasil, Bolivia

TUCÁN ESMERALDA Pm
Aulacorhynchus prasinus
Orden Piciformes
DISTRIBUCIÓN: Centroamérica, Sudamérica

CARPINTERO DE VIENTRE ROJO Pm
Melanerpes carolinus
Orden Piciformes
DISTRIBUCIÓN: Estados Unidos

OTRAS ESPECIES

ABUBILLA Pm
Upupa epops
Orden Coraciiformes
DISTRIBUCIÓN: África, Eurasia

ARASARÍ ACOLLARADO Pm
Pteroglossus torquatus
Orden Piciformes
DISTRIBUCIÓN: México, Colombia, Venezuela

CARRACA EUROPEA A
Coracias garrulus
Orden Coraciiformes
DISTRIBUCIÓN: Europa, Asia central, África subsahariana

MARTÍN PESCADOR FRANJEADO Pm
Megaceryle alcyon
Orden Coraciiformes
DISTRIBUCIÓN: América de norte, central y norte de Sudamérica

PICO PICAPINOS Pm
Dendrocopos major
Orden Piciformes
DISTRIBUCIÓN: Europa, norte de Asia

MARTÍN PESCADOR Pm
Alcedo atthis
Orden Coraciiformes
DISTRIBUCIÓN: Europa, Asia, sur del Sáhara

EMÚ Pm
Dromaius novaehollandiae
Orden Struthioniformes
DISTRIBUCIÓN: Australia

VENCEJO COMÚN Pm
Apus apus
Orden Apodiformes
DISTRIBUCIÓN: Europa, Asia, África

ÑANDÚ A
Rhea americana
Orden Struthioniformes
DISTRIBUCIÓN: Sudamérica

ALCIÓN SENEGALÉS Pm
Halcyon senegalensis
Orden Coraciiformes
DISTRIBUCIÓN: África tropical

CÁLAOS O BUCERÓTIDOS

Buceros
Orden: Coraciiformes
Familia: Bucerotidae

Los cálaos o bucerótidos incluyen nueve órdenes. Todos tienen, como el tucán, un enorme pico muy característico, pero poseen un hábito que les hace ser aún más singulares: durante la época de cría las hembras, ayudadas por el macho, se encierran en el nido a cal y canto. Estas aves (que comparten orden con el abejaruco, el martín pescador y las abubillas) tienen un extravagante pico que, a pesar de su aspecto robusto, es bastante ligero porque de ser macizo, no podrían levantar la cabeza. Hay dos tipos de cálaos arbóreos y terrestres. Estos últimos difieren del resto en que no poseen el mismo número de vértebras del cuello que sus parientes arbóreos y que tampoco sellan el nido. Pero la mayoría son arbóreos y coinciden en muchos otros rasgos.

EL CASCO
Es bastante ligero a pesar de su apariencia. Está hecho con células huecas.

TAMAÑO: entre 30 y 160 cm de longitud y hasta 180 cm de envergadura alar; peso: de 85 g a 4,5 kg.

EL PICO
Tienen la cabeza pequeña con un pico largo, grueso y curvado.

EL VUELO
Aunque son buenos voladores, no realizan trayectos largos.

DISTRIBUCIÓN: África subsahariana, India, sureste de Asia e islas orientales de Nueva Guinea.

LA COLA
La mayoría de los cálaos posee una vistosa y larga cola.

LAS PATAS
Tres de sus dedos se dirigen hacia delante y se encuentran parcialmente fusionados.

ANATOMÍA

Es un ave de grandes dimensiones que posee un pico grande, largo y curvado hacia abajo. Las puntas encajan perfectamente como si fueran un par de pinzas y los bordes interiores son serrados. La mandíbula superior está coronada con un abultamiento llamado casco que presenta formas y tamaños de lo más variopinto: puede ser cilíndrico, inflado, invertido hacia arriba, globuloso. Los investigadores le adjudican varias funciones: sirve para amplificar el sonido de sus voces; como herramienta para excavar en los troncos podridos; para romper cáscaras y frutos, o como defensa en enfrentamientos contra otros individuos. Tienen unas alas anchas y largas y también la cola es larga en su mayoría. Los colores y dibujos del plumaje son muy llamativos y alrededor del ojo tienen la piel desnuda, la cual también puede ser de distintos colores según la especie. Tienen largas pestañas y sus patas son robustas. Una característica de los cálaos es que la base de los tres dedos delanteros está fusionada.

ALIMENTACIÓN

Se alimentan principalmente de frutos, también de insectos y dos especies son carnívoras. Las especies frugívoras no son territoriales y acuden en bandadas a recolectar frutos. Utilizan su largo pico para coger el fruto y se lo echan a la garganta ayudados por su gruesa lengua. Por su parte, los insectívoros sí son territoriales y escarban el suelo o pican los troncos podridos en busca de larvas e insectos. Los cálaos terrestres, como *Bucorvus leadbeateri*, son carnívoros y usan su pico como arma letal golpeando a vertebrados de un tamaño mediano, como ratones, conejos, tortugas o serpientes.

COMPORTAMIENTO SOCIAL

En el caso de las aves territoriales, el macho recurre a un elaborado cortejo con llamadas y acicalamientos a la hembra. Anidan en oquedades naturales de árboles, rocas o terraplenes. Tras la cópula, la hembra comienza a sellar la entrada del nido, primero con barro y luego, desde el interior,

con sus propios excrementos. El macho también la ayuda, portando en el pico barro y sedimentos, y sólo dejan como abertura una rendija central a través de la cual el macho alimenta a la hembra. Este enclaustramiento proporciona seguridad a la familia de cálaos. Será difícil que un depredador entre en el nido. Pero para hacer más segura la cámara, a veces realizan un túnel de salida por encima de la entrada. Las especies grandes ponen uno o dos huevos y hasta ocho las más pequeñas. Tras un periodo de 40 días se produce la eclosión; el macho puede alimentar a toda la familia o bien es la hembra la que sale y, tras sellar la cámara, se encarga de buscar alimento para sus crías. Cuando ya pueden volar, los pequeños cálaos rompen la puerta y salen al exterior.

Cálao arrugado.

LA ALIMENTACIÓN de los cálaos terrestres siempre es carnívora.

EL CASCO del cálao plateado es muy ligero y peculiar.

SU PLUMAJE cuenta con dibujos y colores llamativos.

Tockus leucomelas (arriba) y *Calao rufous* (derecha).

REPTILES

Siempre han sido temidos y rechazados, por la «supuesta» peligrosidad de algunas de las especies que pertenecen a este numeroso grupo. A lo largo de la historia de la humanidad han sido destruidos por ser víctimas de supersticiones y prejuicios fruto del absoluto desconocimiento acerca de estos animales cuyos antecesores un día dominaron la Tierra.

DIVISIÓN	
Filo:	Chordata
Clase:	Reptilia
Orden:	4
Familia:	alrededor de 60
Especies:	7.800 o más

Los reptiles son vertebrados con una piel recubierta de una capa córnea y con escasas glándulas bajo ella. En la actualidad hay muy pocas especies si comparamos con hace 300 millones de años, durante el Pérmico, cuando siete de cada diez animales terrestres eran reptiles. Pero en el Cretácico (hace 65 millones de años) hubo una gran extinción y las especies supervivientes de reptiles (o saurios) evolucionaron hasta llegar a nuestros reptiles actuales (tortugas, lagartos, serpientes, culebrillas ciegas, tuátaras y cocodrilos) y a las aves. Los reptiles actuales comparten una serie de características:

• Poseen una piel seca cubierta de escamas de queratina.
• Realizan una respiración pulmonar.
• La mayoría son ovíparos, ponen huevos con membranas internas y una cáscara resistente a la sequedad, pero también hay especies vivíparas u ovovivíparas (el embrión se alimenta del vitelo del huevo en el interior de la madre).
• No tienen capacidad para mantener una temperatura corporal interna, dependen de fuentes externas para calentar el cuerpo, es decir, son ectodérmicos.

ANATOMÍA

Externamente los reptiles presentan una extraordinaria diversidad de formas y tamaños: desde 1,5 cm hasta 5 m. Existen especies tetrápodas, es decir, con cuatro patas; con dos, como algunas culebrillas ciegas (suborden Amphisbaenia); y ápodas, que son las que carecen totalmente de patas, como sucede con las serpientes, algunos lagartos y la mayoría de las especies de los anfisbenios. Todos los reptiles poseen una piel recubierta de escamas formadas por capas de queratina, que no son independientes como las escamas de los peces. Periódicamente mudan la capa de queratina que se va despendiendo a medida que crece la nueva piel queratinosa.

La dentadura de los reptiles (excepto en las tortugas que no poseen) no está diferenciada como en los mamíferos: todos los dientes son del mismo tipo y se van sustituyendo a medida que se pierden durante toda la vida del animal. En las tortugas, su pico crece continuamente.

REPRODUCCIÓN

La mayoría de los reptiles presentan dimorfismo sexual (diferencias morfológicas entre macho y hembra), y muchos de ellos realizan algún tipo de cortejo exhibiendo su colorido, crestas, cuernos u otros atributos epidérmicos. Por lo general, la reproducción es sexual y recurren a una fecundación interna en la que el macho fecunda a la hembra, pero existen casos de partenogénesis en los que una hembra sola procrea dando lugar a individuos idénticos genéticamente. Esto sucede en unas pocas especies de lagartos y de serpientes.

En su mayoría son ovíparos. Ponen huevos con una cáscara superficial resistente, pero permeable al aire y la humedad. Pero hay excepciones ovovivíparas, es decir, paren sus crías vivas, aunque los embriones se alimentan del vitelo del huevo en el interior de la madre.

TEMPERATURA Y SEXO

Una característica fundamental de los reptiles es la ectotermia. No pueden regular su temperatura interna porque su metabolismo no genera mucho calor, por lo que dependen de fuentes externas para alcanzar la temperatura óptima con la que desarrollar una actividad normal. La forma de conseguir ese calor es moviéndose en su hábitat hacia esas fuentes termales, por lo general, el sol. De modo que moviéndose entre el sol y la sombra calientan y enfrían su cuerpo y consiguen la temperatura adecuada en cada momento.

Otro aspecto de muchos reptiles en el que la temperatura es un factor clave es en la determinación del sexo. Tuátaras y cocodrilos se rigen por este mecanismo, y también algunas especies de tortugas y lagartos. Cuando tiene lugar la puesta, los embriones carecen de diferenciación tanto de su gametos como de sus órganos sexuales; la temperatura a la que sean incubados los huevos decidirá si nacen hembras o machos. No hay un modelo único de temperatura asignada a un sexo; en unas especies las bajas temperaturas darán lugar a hembras y en otras, a machos.

GRUPOS DE REPTILES

ÓRDENES:
Testudines (tortugas)
Sphenodontia (tuátara)
Crocodilia (cocodrilos, caimanes, gaviales)
Squamata:
  SUBORDEN:
  Lacertilia (lagartos)
  Serpentes (serpientes)
  Amphisbaenia (culebrillas ciegas)

TESTUDINES

LA ESTRUCTURA DE LAS TORTUGAS DIFIERE TANTO DE LA DE LOS DEMÁS REPTILES QUE NO CABE CONFUSIÓN ALGUNA CON OTRO REPRESENTANTE DE ESTA CLASE NI DE NINGÚN OTRO ANIMAL. SU CAPARAZÓN ES SU SEÑA DE IDENTIDAD, UNA FORTALEZA MUY DIFÍCIL DE ASALTAR PARA SUS DEPREDADORES.

DIVISIÓN	
Filo:	Chordata
Clase:	Reptilia
Orden:	Testudines
Familia:	12
Especies:	293

Dentro del caparazón poseen suficiente espacio para poner a resguardo la cabeza y las patas.

Las tortugas carecen de dientes. En su lugar tienen un ancho pico córneo.

El caparazón de la tortuga es el resultado de una extraña evolución de su espina dorsal cuyo éxito se constata con sus 200 millones de años de existencia, pues poco o nada han evolucionado las tortugas desde entonces. Su área de distribución cubre todas las regiones templadas y cálidas del globo, incluidos los océanos, ya que hay tortugas terrestres y acuáticas. De estas últimas, las marinas pasan toda su vida en el mar salvo el momento de la puesta que realizan en tierra.

Son muy longevas, pueden llegar a los 150 años (e incluso a los 200 años). Y algunas especies de zonas templadas

pueden pasar largos periodos de inactividad, como es el letargo invernal en el que algunas especies sobreviven a temperaturas bajo cero, o en el caso de periodos de extrema aridez en los que la tortuga se refugia y permanece inactiva todo el tiempo que dure la sequía.

ANATOMÍA

Estos animales carecen de dientes, y en su lugar poseen una cubierta córnea a modo de pico más o menos dentada o con forma de gancho. Sus tamaños varían desde los 11 cm de las más pequeñas a los 244 cm que puede llegar a alcanzar la tortuga laúd. El caparazón de la tortuga está más o

menos osificado, cubierto por escamas o por una piel resistente. Este caparazón, formado por el espaldar (parte superior) y el plastrón (parte inferior) que están unidos a las costillas y vértebras del animal, protege totalmente su tronco. La cabeza, el cuello, las patas y la cola quedan libres, aunque los pueden retraer y ocultar en el interior del caparazón. Sin embargo, las tortugas a cambio de este blindaje han tenido que pagar un precio que afecta a su movilidad. Debido al peso y morfología de su coraza, se desplazan lentamente, no pueden correr ni saltar. Ahora bien, en el agua son buenas nadadoras y pueden alcanzar velocidades de 30 km/h.

GRUPOS (de tortugas)

ORDEN: **Testudines**
FAMILIAS:

Emydidae (tortugas de caja americanas, tortuga pintada, galápago europeo)

Carettochelyidae (tortuga nariz de cerdo)

Chelidae (tortugas cuello de serpiente)

Chelydridae (tortugas mordedoras)

Cheloniidae (tortugas marinas)

Geoemydidae (batagures, tortugas semiacuáticas)

Pelomedusidae (tortugas de los pantanos de África)

Dermatemydidae (tortuga blanca)

Dermochelyidae (tortuga laúd)

Kinosternidae (tortugas de ciénaga)

Testudinidae (tortugas terrestres herbívoras, gigante de las Galápagos)

Trionychidae (tortugas de caparazón blando)

Los machos presentan el plastrón cóncavo para poder adaptarse al caparazón de las hembras durante la cópula y facilitar la reproducción de la especie.

Arriba, algunas especies como la tortuga verde *(Chelonia mydas)* están adaptadas a la vida acuática. A la derecha, tortuga carey marina *(Eretmochelys imbricata)*.

REPRODUCCIÓN

Algunas especies presentan un claro dimorfismo sexual, pero en la mayoría no es sencillo distinguir a un macho de una hembra si no fuera porque en muchas especies el macho tiene un plastrón cóncavo para poder adaptarse al caparazón abovedado durante la cópula, y también su cola es relativamente más ancha y larga que la de la hembra.

Todas las tortugas son ovíparas y, aunque pueden aprovechar alguna grieta en un árbol o la vegetación en descomposición para ocultar la puesta, suelen excavar cuidadosamente un agujero donde enterrar los huevos en un número variable entre 5 y 20. Cabe destacar la puesta de las tortugas marinas, que son capaces de recorrer más de 4.000 km para llegar a su zona de anidamiento donde pueden reunirse más de 200.000 individuos para anidar.

ALIMENTACIÓN

Depende mucho de la actividad de la tortuga. Al ser animales tan lentos la mayoría se alimenta de vegetales o de otros animales también muy lentos como caracoles, bivalvos, larvas o insectos. Si bien las tortugas acuáticas mucho más activas y rápidas tienen un alimentación más carnívora e incluyen peces, erizos, medusas, cangrejos y moluscos.

TORTUGAS

El caparazón tan característico del orden de los Testudines ha sido el motivo de su éxito evolutivo. Tanto el espaldar como el plastrón de las tortugas se hallan revestidos de placas córneas de queratina, equivalentes a las escamas del resto de los reptiles; aunque en determinadas especies, las denominadas de caparazón blando, su caparazón está cubierto por una piel curtida más que por escudos córneos. Las formas y los diseños varían de una especie a otra, de manera que es característico de las especies terrestres tener un caparazón mucho más abovedado y con protuberancias que el de las acuáticas, cuya coraza es mucho más plana y lisa. Esto supone una menor resistencia cuando nadan en el agua en las segundas, y una mayor protección ante las mandíbulas de los depredadores en las primeras. Sin embargo, esta coraza de poco les sirve a las tortugas ante su amenaza actual: la presión ejercida por la actividad humana está poniendo en peligro la supervivencia de este grupo de animales tan extraordinario.

TORTUGA CAJA ORIENTAL DE MARGEN AMARILLO [Ep]
Cuora flavomarginata
Familia Geoemydidae
DISTRIBUCIÓN: China, Taiwán, Japón

TORTUGA DE CAJA ACUÁTICA [Ep]
Terrapene coahuila
Familia Emydidae
DISTRIBUCIÓN: México

TORTUGA DE ESPOLONES AFRICANA [Vu]
Geochelone sulfata
Familia Testudinidae
DISTRIBUCIÓN: Mauritania, Senegal, Níger, Malí, Chad, Sudán, Etiopía, Eritrea

TORTUGA MEDITERRÁNEA [A]
Testudo hermanni
Familia Testudinidae
DISTRIBUCIÓN: Europa

TORTUGA DE CUELLO CORTO [Pm]
Emydura subglobosa
Familia Chelidae
DISTRIBUCIÓN: Nueva Guinea, Australia

TORTUGA CAJA DE CAROLINA [A]
Terrapene carolina
Familia Emydidae
DISTRIBUCIÓN: Estados Unidos, México

TORTUGA ESTRELLADA DE MADAGASCAR [Pc]
Astrochelys radiata
Familia Testudinidae
DISTRIBUCIÓN: Madagascar, Reunión

TORTUGA DE CUELLO DE SERPIENTE [Pc]
Chelodina mccordi
Familia Chelidae
DISTRIBUCIÓN: Indonesia

GALÁPAGO DE JAPÓN [A]
Mauremys japonica
Familia Geomydinae
DISTRIBUCIÓN: Japón

GALÁPAGO DE OREJAS ROJAS [Nr]
Trachemys scripta elegans
Familia Emydidae
DISTRIBUCIÓN: Estados Unidos, México

TORTUGA MAPA AMARILLA [Ep]
Graptemys flavimaculata
Familia Emydidae
DISTRIBUCIÓN: Misisipí (Estados Unidos)

**TORTUGA GIGANTE
DE ALDABRA** Vu
Geochelone gigantea
Familia Testudinidae
DISTRIBUCIÓN: Seychelles,
Madagascar

**TORTUGA SUDAMERICANA
DE ARROYO** Nr
Phrynops hilarii
Familia Chelidae
DISTRIBUCIÓN: Uruguay, Brasil,
Argentina, Paraguay

TORTUGA DE BOSQUE DE MARACAIBO Nr
Rhinoclemmys diademata
Familia Geoemydidae
DISTRIBUCIÓN: Colombia, Venezuela

**TORTUGA DE FANGO
NEGRA** Pm
Pelusios subniger
Familia Pelomedusidae
DISTRIBUCIÓN: este de África
y algunas islas del Caribe

**TORTUGA CHINA
DE CAPARAZÓN
BLANDO** Vu
Pelodiscus sinensis
Familia Trionychidae
DISTRIBUCIÓN: Japón,
China, Hawái

TORTUGA VERDE Ep
Chelonia mydas
Familia Cheloniidae
DISTRIBUCIÓN: océanos
subtropicales

**TORTUGA GIGANTE
ASIÁTICA MARRÓN** Ep
Manouria emys
Familia Testudinidae
DISTRIBUCIÓN: sur y sudeste
de Asia

**TORTUGA ACUÁTICA
AMERICANA** Nr
Clemmys marmorata
Familia Emydidae
DISTRIBUCIÓN: Estados
Unidos

OTRAS ESPECIES

**GALÁPAGO MOTEADO
ASIÁTICO** Vu
Geoclemys hamiltoni
Familia Geoemydidae
DISTRIBUCIÓN: India

GALÁPAGO PINTADO Pc
Callagur borneoensis
Familia Geoemydidae
DISTRIBUCIÓN: Malasia, Tailandia,
Indonesia

TORTUGA APESTOSA Nr
Sternotherus odoratus
Familia Kinosternidae
DISTRIBUCIÓN: Estados Unidos,
México

TORTUGA CAIMÁN Vu
Macrochelys temminckii
Familia Chelydridae
DISTRIBUCIÓN: sur de Estados
Unidos

TORTUGA CAREY Pc
Eretmochelys imbricada
Familia Cheloniidae
DISTRIBUCIÓN: regiones de los
océanos Atlántico y Pacífico

**TORTUGA CAJA
CARENADA** Nr
Pyxidea mouhotii
Familia Geoemydidae
DISTRIBUCIÓN: Asia

TORTUGA ESPINOSA Ep
Heosemys spinosa
Familia Geoemydidae
DISTRIBUCIÓN: Filipinas, Myanmar,
Tailandia, Malasia, Indonesia,
Singapur

**TORTUGA GIGANTE
DE LAS GALÁPAGOS** Ep
Chelonoidis nigra
Familia Testudinidae
DISTRIBUCIÓN: archipiélago de las
Galápagos

TORTUGA LAÚD Pc
Dermochelys coriacea
Familia Dermochelydae
DISTRIBUCIÓN: océano Atlántico

**TORTUGA PINTADA
DE BOSQUE** Nr
Rhinoclemmys pulcherrima
Familia Geoemydidae
DISTRIBUCIÓN: México, Costa Rica

SQUAMATA: LAGARTOS Y SERPIENTES

SERPIENTES, LAGARTOS Y CULEBRILLAS CIEGAS FORMAN LOS ESCAMOSOS, EL GRUPO DE REPTILES MÁS NUMEROSO Y DE LOS QUE MENOS SIMPATÍA DESPIERTAN, PUES SUS MOVIMIENTOS RÁPIDOS Y SIGILOSOS Y LA TOXICIDAD DE ALGUNOS DE ELLOS GENERAN UNA GRAN DESCONFIANZA ENTRE EL RESTO DE LOS SERES VIVOS.

DIVISIÓN	
Filo:	Chordata
Clase:	Reptilia
Orden:	Squamata
Suborden:	Lacertilia,
	Serpentes
	Amphisbaenia
Familia:	49
Especies:	7.300 especies

LAGARTOS

Este grupo de animales está ampliamente extendido por el planeta, excepto en la Antártida. Ocupan todo tipo de biotopos: principalmente son terrestres, viven en rocas, entre las hierbas, construyen madrigueras; existen lagartos arborícolas y especies de hábitos anfibios. Un representante ampliamente conocido es la lagartija. Por lo general los lagartos tienen bien diferenciada la cabeza, el cuerpo, las patas y la cola. Aunque existen individuos que carecen de patas. Es común a todos ellos su piel escamosa. Las escamas son de queratina y pueden ser contiguas o solaparse; algunas se transforman en estructuras espinosas que le dan al lagarto un aspecto más fiero. Tienen numerosos dientes que se sustituyen con frecuencia. Se mueven con rapidez serpenteando e incluso saltando, y su tamaño es de lo más variado pues encontramos lagartos de pocos centímetros hasta los 3 m en el caso del dragón de Komodo.

Entre machos y hembras suele haber diferencias morfológicas, de tamaño, colorido u ornamentos corporales. Los lagartos machos poseen dos órganos de penetración llamados hemipenes. Se

Las serpientes pueden desencajar sus mandíbulas para engullir presas de tamaño considerable. En la imagen, una pitón amatista (*Morelia amethistina*) engulle un sapo. En grande, una pitón alfombra (*Morelia spilota variegata*).

produce una fecundación interna y la hembra pone los huevos bajo troncos o piedras, o bien excava agujeros en el suelo. Las puestas varían de 1 a 50 huevos y no suelen ser incubadas salvo muy pocas excepciones. En algunas especies la hembra mantiene los huevos en su interior hasta que eclosionan y pare a las crías vivas. Su alimentación depende del tamaño del animal. Las especies pequeñas suelen atrapar insectos y otros invertebrados, pero las especies más grandes cazan mamíferos, aves y otros reptiles. También hay reptiles herbívoros, como las famosas iguanas marinas de las Islas Galápagos que se alimentan de algas.

SERPIENTES

Las serpientes u ofidios están totalmente desprovistas de extremidades, por lo que se desplazan con movimientos ondulatorios o serpenteantes. Es un grupo muy numeroso distribuido por todo el planeta, excepto en las regiones

ártica y antártica. Incluso han conquistado el medio acuático (mares y ríos), aunque principalmente son terrestres y arborícolas. La forma de su cuerpo es alargada; la cabeza puede o no estar diferenciada, pero es imposible delimitar a simple vista el cuerpo y la cola, ya que la ausencia de extremidades hace que ambas partes sean una. Varían mucho de tamaño, desde 10 cm a 10 m, y también de colorido. Su piel cubierta de escamas presenta un estructura especial que la hace muy flexible. Los huesos de su mandíbula se articulan de forma individual y la inferior no está soldada en su parte anterior, lo que permite a las serpientes tragar presas enteras que superan el tamaño de su boca. Tienen dientes afilados y curvados hacia atrás. Destacan los maxilares que presentan formas variadas, como unos largos colmillos, y son los únicos que pueden estar conectados a las glándulas que son venenosas.

El macho realiza una fecundación interna con uno de sus dos hemipenes. La hembra pone sus huevos tras 40 días de gestación, aunque también hay especies vivíparas. La media de las puestas está entre 5 y 20 huevos. La custodia de los huevos y luego de las crías no es frecuente en las

Culebra real coralillo (*Lampropeltis triangulum*).

El dragón de Komodo (*Varanus komodoensis*) es el mayor de los representantes de la familia de los lagartos.

GRUPOS (de escamosos)

SUBORDEN: Lacertidae
INFRAORDEN:
    Iguania (iguanas, agámidos, camaleones)
    Gekkota (geckos)
    Scincomorpha (lagartos, lagartijas, eslizones)
    Diploglossa (ánguidos, lagartos de cristal)
    Platynota (varanos)

SUBORDEN: Serpentes
FAMILIAS:
    Acrochordidae (serpiente de Arafura, serpiente trompa de elefante)
    Aniliidae (anílidos)
    Anomochilidae (serpientes enanas)
    Atractaspididae (atractaspis, serpientes africanas)
    Boidae (boas)
    Bolyeriidae (serpientes de las Mauricio)
    Colubridae (culebras)
    Cylindrophiidae (serpientes asiáticas)
    Elapidae (elápidos, cobras, serpientes de coral, mambas)
    Loxocemidae (pitón mexicana)
    Pythonidae (pitones)
    Tropidophiidae (serpientes sudamericanas no venenosas)
    Uropeltidae (uropéltidos)
    Viperidae (víboras, crótalos)
    Xenopeltidae (xenopeltis)
    Anomalepididae (anomalépidos)
    Leptotyphlopidae (laptotiflópidos)
    Typhlopidae (tiflópidos)

SUBORDEN: Amphisbaenia (culebrillas ciegas)
FAMILIAS:
    Amphisbaenidae
    Trogonophidae
    Bipedidae
    Rhineuridae

serpientes, pero existen excepciones como en la familia de los crótalos. Son carnívoras y se alimentan de cualquier animal vertebrado o invertebrado. Como hemos visto, el tamaño no es impedimento, ya que pueden desencajar sus mandíbulas y tragar la pieza entera, por lo general viva o muerta a causa de su veneno o por estrangulamiento.

CULEBRILLAS CIEGAS

Los anfisbénidos se encuentran en el sur de África, América del Sur, la península Arábiga y el oeste de Asia. Son pequeñas, miden entre 15 y 35 cm, aunque pueden alcanzar los 70 cm. Tienen el cuerpo alargado y serpentiforme. Carecen de extremidades, salvo el género Bipes que posee unas extremidades anteriores. Está cubierto de escamas córneas dispuestas en anillos. La cabeza es aplanada. Son excavadoras en suelos blandos donde perforan profundas galerías. Raramente salen a la superficie. Se alimentan de pequeños artrópodos y algunos vertebrados. Realizan una fecundación interna y pueden poner huevos o bien las crías se desarrollan en el interior de la madre, según las condiciones externas.

SERPIENTES

Más de 3.000 especies integran el suborden de las serpientes, pero sólo alrededor de 300 son venenosas. Todas las familias de este orden son cosmopolitas y entre las más conocidas tenemos a los boídos, pitónidos, colúbridos, vipéridos y elápidos. Los boídos y pitónidos (boas, pitones) comprenden las especies más grandes (hasta 8 m puede llegar a alcanzar la anaconda), aunque las hay que miden menos de un metro. A la familia de los colúbridos pertenece la mayoría de las especies de serpientes conocidas (culebras) y algunas de ellas son venenosas. Sin embargo, las serpientes más peligrosas se encuentran entre los vipéridos (víboras, serpientes de cascabel) y los elápidos (cobras, serpientes marinas, mambas, serpientes de coral). Sus venenos son muy tóxicos y activos, de tal forma que la mordedura de alguna de estas especies, sin recibir la atención debida, puede resultar fatal. Ahora bien, cabe destacar que las serpientes no son especialmente agresivas: el mordisco suele responder a una amenaza.

BOA EGIPCIA DE LA ARENA Nr
Gongylophis colubrinus
Familia Boidae
DISTRIBUCIÓN: Sudán, Etiopía, Níger, Egipto

BOA CONSTRICTORA Nr
Boa constrictor
Familia Boidae
DISTRIBUCIÓN: centro y sur de América

FALSA CORAL Nr
Anilius scytale
Familia Aniliidae
DISTRIBUCIÓN: Sudamérica

VÍBORA COMÚN EUROPEA Pm
Vipera berus
Familia Viperidae
DISTRIBUCIÓN: Asia, Europa

CRÓTALO CORNUDO DE SCHLEGEL Nr
Bothriechis schlegelii
Familia Viperidae
DISTRIBUCIÓN: Ecuador, Venezuela, México, Costa Rica, Panamá, Colombia

VÍBORA DEL TEMPLO Nr
Tropidolaemus wagleri
Familia Viperidae
DISTRIBUCIÓN: Asia

CRÓTALO CORNUDO Pm
Crotalus cerastes
Familia Viperidae
DISTRIBUCIÓN: sur de Estados Unidos, México

SERPIENTE ÍNDIGO Nr
Drymarchon couperi
Familia Colubridae
DISTRIBUCIÓN: sur de Estados Unidos

CULEBRA RATONERA TROPICAL Pm
Pseudelaphe flavirufa
Familia Colubridae
DISTRIBUCIÓN: México, Centroamérica

CULEBRA ENCENDIDA DE CÁLICO Nr
Oxyrhopus petola
Familia Colubridae
DISTRIBUCIÓN: Sudamérica

CULEBRA DE COLLAR Pm
Natrix natrix
Familia Colubridae
DISTRIBUCIÓN: Europa, norte de África

CULEBRA REAL CORALILLO Nr
Lampropeltis triangulum
Familia Colubridae
DISTRIBUCIÓN: Canadá, Estados Unidos

SERPIENTE REAL DE CALIFORNIA Nr
Lampropeltis getula californiae
Familia Colubridae
DISTRIBUCIÓN:
Estados Unidos

PITÓN DE RAMSAY Ep
Aspidites ramsayi
Familia Pythonidae
DISTRIBUCIÓN: Australia

ANACONDA COMÚN Nr
Eunectes marinus
Familia Boidae
DISTRIBUCIÓN:
Sudamérica

VÍBORA DE FOSETA Nr
Bothriopsis taeniata
Familia Viperidae
DISTRIBUCIÓN:
Sudamérica

SERPIENTE MARRÓN Pm
Storeria dekayi
Familia Colubridae
DISTRIBUCIÓN: Canadá, Estados
Unidos, México

PITÓN REAL Pm
Python regius
Familia Pythonidae
DISTRIBUCIÓN: África

COBRA EGIPCIA Pm
Naja haje
Familia Elapidae
DISTRIBUCIÓN: África

PITÓN RETICULADA Nr
Python reticulatus
Familia Pythonidae
DISTRIBUCIÓN: Sudeste Asiático

ULARBURONG Nr
Boiga dendrophila
Familia Colubridae
DISTRIBUCIÓN:
Asia

PITÓN ARBORÍCOLA VERDE Pm
Morelia viridis
Familia Pythonidae
DISTRIBUCIÓN: Indonesia, Australia,
Nueva Guinea

OTRAS ESPECIES

CRÓTALO DIAMANTE OCCIDENTAL Pm
Crotalus atrox
Familia Viperidae
DISTRIBUCIÓN: Estados Unidos,
México

CULEBRA DE COLLAR AMARILLO Pm
Diadophis punctatus
Familia Colubridae
DISTRIBUCIÓN: Estados Unidos,
Canadá

CULEBRA SORDA TORO Pm
Pituophis melanoleucus
Familia Colubridae
DISTRIBUCIÓN: Estados Unidos,
México

FALSA CORAL DE FORMOSA Nr
Oxyrhopus formosus
Familia Colubridae
DISTRIBUCIÓN: Sudamérica

SERPIENTE DEL MAÍZ Pm
Elaphe guttata
Familia Colubridae
DISTRIBUCIÓN: Estados Unidos,
México

SERPIENTE HOCICO DE CERDO Pm
Heterodon nasicus
Familia Colubridae
DISTRIBUCIÓN: Canadá, Estados
Unidos, México

SERPIENTE RATONERA MANDARINA Pm
Euprepiophis mandarinus
Familia Colubridae
DISTRIBUCIÓN: Asia

VÍBORA CORNUDA DEL DESIERTO Nr
Cerastes cerastes
Familia Viperidae
DISTRIBUCIÓN: norte de África,
Oriente Medio

LAGARTOS

Los lagartos superan a otros reptiles en distribución geográfica y hábitats conquistados: desiertos, bosques, grutas, charcas e incluso ciudades. Son alrededor de 4.500 especies, la mayoría con sus cuatro extremidades bien desarrolladas, aunque se observa cierta reducción de los miembros en la familia de los escíncidos. Es habitual verlos de día reposando al sol que calienta su cuerpo, aunque también los hay de costumbres nocturnas, como los geckónidos. Sólo dos especies de lagartos son venenosas, el monstruo de Gila y el lagarto venenoso mexicano. El resto no entraña ese tipo de peligro, aunque una especie de varánidos, los dragones de Komodo, sin llegar a ser venenosos, pueden causar la muerte debido a las heridas infligidas por su mordisco.

VARANO ACUÁTICO `Pm`
Varanus salvator
Familia Varanidae
DISTRIBUCIÓN:
Sudeste Asiático

DRAGÓN DE AGUA CHINO `Nr`
Physignathus cocincinus
Familia Agamidae
DISTRIBUCIÓN: Asia

BASILISCO VERDE `Nr`
Basiliscus plumifrons
Familia Corytophanidae
DISTRIBUCIÓN:
Centroamérica

LAGARTO MARIPOSA `Nr`
Lieiolepis belliana
Familia Agamidae
DISTRIBUCIÓN: Asia

CAMALEÓN PANTERA `Nr`
Furcifer pardalis
Familia Chamaeleonidae
DISTRIBUCIÓN: Madagascar

ESCINCO DE LENGUA AZUL `Nr`
Tiliqua scincoides scincoides
Familia Scincidae
DISTRIBUCIÓN: Australia

LAGARTIJA DE COLA AZUL `Pm`
Eumeces fasciatus
Familia Scincidae
DISTRIBUCIÓN:
Estados Unidos

IGUANA DE LAS GALÁPAGOS `Vu`
Conolophus subcristatus
Familia Iguanidae
DISTRIBUCIÓN: islas
Galápagos (Ecuador)

GECKO DIURNO DE MADAGASCAR `Pm`
Phelsuma madagascariensis grandis
Familia Gekkonidae
DISTRIBUCIÓN: Madagascar

MONSTRUO DE GILA [A]
Heloderma suspectum
Familia Helodermatidae
DISTRIBUCIÓN: Estados Unidos,
México

IGUANA VERDE [Nr]
Iguana iguana
Familia Iguanidae
DISTRIBUCIÓN:
Sudamérica

**LAGARTO DE COLA
ESPINOSA** [Nr]
Uromastyx acanthinura
Familia Agamidae
DISTRIBUCIÓN: Sáhara, Mauritania,
Sudán, Egipto, Argelia

**EGERNIA DE COLA
ESPINOSA** [Nr]
Egernia depressa
Familia Scincidae
DISTRIBUCIÓN: Australia

**CAMALEÓN HOJA
PIGMEO** [Nr]
Rhampholeon temporalis
Familia Chamaeleonidae
DISTRIBUCIÓN: Tanzania

LAGARTO VERDE [Pm]
Lacerta viridis
Familia Lacertidae
DISTRIBUCIÓN: Europa

**CAMALEÓN VELADO
O DEL YEMEN** [Vu]
Chamaeleo calyptratus
Familia Chamaeleonidae
DISTRIBUCIÓN:
Yemen, Arabia
Saudí

**LAGARTO
COLORADO** [Nr]
Tupinambis rufescens
Familia Teiidae
DISTRIBUCIÓN:
Argentina

OTRAS ESPECIES

CAMALEÓN DE JACKSON [Nr]
Chamaeleo jacksonii
Familia Chamaeleonidae
DISTRIBUCIÓN: Kenia, Tanzania

DRAGÓN BARBUDO [Nr]
Pogona vitticeps
Familia Agamidae
DISTRIBUCIÓN: Australia

**GECKO DE COLA DE HOJA
LINEADA** [Pm]
Uroplatus lineatus
Familia Gekkonidae
DISTRIBUCIÓN: Madagascar

**GECKO GIGANTE DE NUEVA
CALEDONIA** [Vu]
Rhacodactylus ciliatus
Familia Gekkonidae
DISTRIBUCIÓN: Nueva Caledonia
(Oceanía)

GECKO LEOPARDO [Nr]
Eublepharis macularius
Familia Gekkonidae
DISTRIBUCIÓN: Afganistán, Iraq, Irán,
India, Paquistán

GECKO TOKAY [Nr]
Gekko gecko
Familia Gekkonidae
DISTRIBUCIÓN: Indonesia, Hawái,
Filipinas, Florida (Estados Unidos),
islas del Caribe

LAGARTO OCELADO [A]
Timon lepidus
Familia lacertidae
DISTRIBUCIÓN: Portugal, España, sur
de Francia

LUCIÓN [Nr]
Anguis fragilis
Familia Anguidae
DISTRIBUCIÓN: Europa, Asia

ZONURO GIGANTE [Vu]
Cordylus giganteus
Familia Cordylidae
DISTRIBUCIÓN: África

CAMALEONES

Chamaeleo
Orden: Squamata
Suborden: Lacertilia
Familia: Chamaeleonidae

Los camaleones son los representantes más curiosos y llamativos del grupo de los lagartos. Son conocidos por su habilidad para el camuflaje y es que pueden cambiar el color de su piel; esta capacidad la emplean para pasar inadvertidos ante cualquier depredador, para sorprender a su víctima, como forma de comunicación en sus relaciones sociales y en otras funciones (apareamiento, defensa del territorio, estado anímico, control de su temperatura). El tamaño medio de los camaleones está entre 10 y 60 cm, pero existen algunas especies enanas, como *Brookesia minima* que ostenta el récord de ser el camaleón más pequeño del mundo con 1,5 cm de longitud. La mayoría de los camaleones son arborícolas, salvo algunas especies que pasan su vida entre las hojas caídas del suelo, pero en general viven en ambientes forestales, lo que provoca que en el momento actual se trate de una familia muy amenazada por la pérdida de su hábitat.

DISTRIBUCIÓN: Madagascar, África subsahariana, sur de Europa, India y Sri Lanka.

LOS OJOS
Tiene ojos a cada lado de la cabeza que facilitan un campo de mira de 360 grados. Y con su visión puede calcular la distancia y la profundidad que hay hasta su objetivo.

SUJECIÓN
Gracias a la sujeción de la cola y las extremidades, puede avanzar muy lentamente y evitar ser visto.

LA PIEL
Los camaleones pueden cambiar el color de la piel para camuflarse o expresar su enfado anímico.

LA COLA
Su cola totalmente prensil le permite asirse con firmeza como si de otro miembro se tratara.

TAMAÑO: longitud de 1,5 a 70 cm.

ANATOMÍA

Están perfectamente adaptados a la vida arborícola. Su color generalmente corresponde con los tonos verdes y pardos de sus hábitats. Tienen el cuerpo aplanado por los lados y cuatro extremidades largas y delgadas que terminan en pies divididos en dos apéndices que encierran sus dedos soldados; uno de estos apéndices presenta dos garras y el otro, tres. Esta forma cigodáctila hace que sus extremidades funcionen como tenazas. Además, su cola es increíblemente prensil, por lo que gozan de una excelente sujeción a ramas y tallos que les permite desplazarse con extrema lentitud. Esta velocidad tan lenta les permite afianzarse con seguridad y evitar ser localizados por sus presas y por sus cazadores. Otra característica peculiar de los camaleones es su visión. Los ojos, a cada lado de la cabeza, se mueven de forma independiente en giros de casi 360 grados, por lo que obtienen muchísima más información para calcular con extrema precisión la profundidad y la distancia a las que se encuentran sus presas.

COMPORTAMIENTO SOCIAL

Los camaleones son solitarios y sólo se juntan para aparearse. La mayoría de las especies suele presentar diferencias morfológicas entre hembras y machos. El dimorfismo sexual más acusado lo podemos encontrar en el macho del camaleón de Jackson *(Chamaeleo jacksonii)* que se distingue por lucir unos prominentes cuernos que salen de su frente. Estos adornos sirven tanto para el cortejo como para las disputas entre machos, que son muy territoriales. En todo este proceso los camaleones varían el color de su piel (desde tonos rojos, azulados, rosas) anunciando sus propósitos. Principalmente son ovíparos y realizan puestas de entre cuatro a 40-70 huevos en agujeros que excavan en la tierra y que luego tapan. Los pequeños camaleones saldrán a la luz al cabo de cuatro meses o incluso más de un año. También existen camaleones ovovivíparos, que dan a luz a sus crías vivas tras seis meses de incubación de los huevos en el interior de la madre.

ALIMENTACIÓN

Principalmente son insectívoros y utilizan un arma certera para atrapar a sus presas: su larga lengua pegajosa. Esta lengua puede alcanzar la longitud de su cuerpo y permanece enrollada en el interior de su boca. Cuando los músculos que controlan la lengua se contraen, esta sale disparada de forma fulminante hacia el animal, que queda atrapado en el extremo engrosado y pegajoso de la lengua del camaleón. En sus disparos suele tener bastante éxito gracias a la exactitud de los cálculos de distancias que le proporciona su asombrosa vista binocular.

EL CAMUFLAJE para sobrevivir en la naturaleza resulta imprescindible para estos animales.

LA LENGUA del camaleón se dispara a una velocidad de casi 20 km/h, atrapando a la presa con su punta pegajosa.

LOS CAMALEONES no suelen andar por el suelo porque son principalmente arborícolas y sus dedos fusionados en dos grupos actúan a modo de pinzas para agarrarse de forma segura a las ramas.

LA COLORACIÓN EXTERNA y su capacidad para cambiar de color se debe a células pigmentarias especiales.

COCODRILOS

Su ferocidad y voracidad unidas a su gran tamaño han hecho que estos animales se granjeen el temor y la antipatía del hombre. Pero se trata de animales dignos de admiración, pues conocieron a los grandes dinosaurios, les sobrevivieron y han llegado hasta nuestros días prácticamente como eran hace millones de años. Todo un éxito evolutivo.

DIVISIÓN	
Filo:	Chordata
Clase:	Reptilia
Orden:	Crocodilia
Familia:	3
Especies:	23

Aunque con una organización sencilla, los cocodrilos viven en grupos.

En la familia de los cocodrilos el cuarto colmillo de la mandíbula inferior sobresale por encima de la mandíbula superior, cosa que no ocurre en aligátores y gaviales.

En la parte posterior de la lengua tienen un pliegue de piel que tapa su aparato respiratorio para poder permanecer debajo del agua con la boca abierta sin ahogarse.

Llamamos cocodrilos en general a estos grandes reptiles de enorme boca llena de dientes, cuerpo aplanado, larga cola y recubiertos de una piel dura y acorazada. Si viéramos un cocodrilo de hace 84 millones de años lo reconoceríamos con facilidad, ya que poco han cambiado desde entonces. Al parecer la clave de este éxito evolutivo recae en su excelente adaptación al medio en el que vive, el acuático. Y por suerte para él sus ecosistemas siguen proporcionando al cocodrilo todo lo que necesita para vivir: refugio y comida. Pero en realidad en este grupo de animales, que se distribuyen por todas las zonas tropicales y subtropicales de todo el mundo y algunas templadas como el sureste de Estados Unidos, no todos son cocodrilos. El orden incluye tres familias, los aligátores, los gaviales y los cocodrilos, que difieren en algunas características morfológicas y de distribución.

ANATOMÍA

Los cocodrilos en general poseen un cuerpo grande cuyo tamaño abarca desde 1,5 a 6 m. Su piel está llena de escamas grandes y óseas que han dado lugar a excrecencias espinosas. Su cabeza es ancha y aplastada, con ojos, oídos y orificios nasales dispuestos en la parte superior, que es lo único que asoma cuando permanecen ocultos bajo el agua. Su boca es grande y larga, pero hay unas diferencias morfológicas que nos ayudan a distinguir a las distintas familias:

• Los aligátores y caimanes, que pertenecen a la familia Alligatoridae, poseen una boca ancha acabada en un hocico romo y cuando cierran la boca los dientes de la mandíbula inferior quedan ocultos dentro de la boca.

Los machos dominantes alejan a otros machos de las hembras fértiles durante el periodo de apareamiento.

• Los pertenecientes a la familia Crocodylidae, cocodrilos y falsos gaviales, pueden tener tanto una boca ancha como estrecha, pero cuando la cierran el cuarto diente, de gran tamaño, de la mandíbula inferior queda a la vista.

Un cocodrilo rompiendo el huevo en el momento de nacer.

facilita poder abatir presas grandes (cebras, ñúes…) a las que inmoviliza con sus potentes mandíbulas y termina ahogándolas bajo el agua.

Los machos dominantes se aparean con varias hembras, las cuales ponen de 10 a 50 huevos en agujeros excavados en el suelo o en montículos de materia vegetal. Los hembras de los cocodrilos son los únicos reptiles que proporcionan largos cuidados a su progenie. Defienden el nido, incuban los huevos durante 2-3 meses, ayudan a las crías a salir de los huevos e incluso las transportan y protegen en su boca. Pese a su aspecto feroz, se puede decir que son madres ejemplares.

Sus ojos y fosas nasales quedan por encima de la superficie del agua, lo que les permite acechar a sus presas bajo el agua sin delatar su presencia.

• Los gaviales (familia Gavialidae) poseen un característico hocico largo y muy estrecho.

COMPORTAMIENTO SOCIAL

Los cocodrilos en general tienen tendencia gregaria, aunque no forman grupos sociales con organizaciones complejas. Algunas especies suelen agruparse para realizar ciertas actividades: tomar el sol en las orillas, acorralar presas, formar grupos de cría estacionales… Si bien, en la época de apareamiento sobresalen los machos dominantes que intentarán alejar a otros competidores de las hembras fértiles.

Una característica de los Crocodilia es su capacidad para emitir vocalizaciones, es decir, una gama de sonidos distintos que junto a golpes y posturas dan lugar a su forma de comunicarse.

ALIMENTACIÓN

Son carnívoros y se alimentan tanto de presas vivas como de carroña. Para cazar a sus víctimas acechan sumergidos en el agua el tiempo que sea necesario, ya que la disposición superior de sus ojos y de sus fosas nasales les permite respirar y localizar a sus presas sin necesidad de desvelar su posición bajo el agua. Los cocodrilos también son capaces de aguantar totalmente sumergidos incluso algunas horas gracias a que pueden regular el flujo de aire a sus pulmones haciendo que sea el mínimo indispensable. Esto

GRUPOS (de cocodrilos)

ORDEN: Crocodilia
FAMILIAS:
   Gavialidae (gaviales)
   Crocodylidae (cocodrilos, falso gavial)
   Alligatoridae (aligátores, caimanes, yacarés)

COCODRILOS Y CAIMANES

Los cocodrilos son animales de gran tamaño, con una cabeza ancha y plana, un cuerpo robusto con cuatro extremidades cortas pero bien desarrolladas y una cola potente, gruesa en la base, aplanada transversalmente y más larga que el tronco que les ayuda a desplazarse con agilidad en el agua mediante movimientos ondulatorios. Este animal de costumbres anfibias llega a pasar el 70 por ciento de su vida en el agua. En tierra sus desplazamientos son torpes, aunque si es necesario puede iniciar una carrera en la que alcanza una velocidad de 18 km/h. Pero sólo abandonan el agua para tomar el sol en las orillas o, en el caso de las hembras, cuidar su nido pues raramente se alejan del líquido elemento. Los cocodrilos son muy longevos (pueden vivir de 20 a 40 años) y se adaptan bien a la vida en cautividad.

COCODRILO AFRICANO Nr
Crocodylus cataphractus
Familia Crocodylidae
DISTRIBUCIÓN: África

COCODRILO ENANO Vu
Osteolaemus tetraspis
Familia Crocodylidae
DISTRIBUCIÓN: África

COCODRILO AUSTRALIANO Pm
Crocodylus johnsoni
Familia Crocodylidae
DISTRIBUCIÓN: Australia

FALSO GAVIAL Ep
Tomistoma schlegelii
Familia Crocodylidae
DISTRIBUCIÓN: Sudeste Asiático

COCODRILO CUBANO Cr
Crocodylus rhombifer
DISTRIBUCIÓN: Cuba

GAVIAL Cr
Gavialis gangeticus
Familia Gavialidae
DISTRIBUCIÓN: Bangladesh,
Pakistán, India, Nepal,
Bután, Myanmar

ALIGÁTOR AMERICANO Pm
Alligátor mississippiensis
Familia Alligatoridae
DISTRIBUCIÓN: sur de Estados
Unidos

COCODRILO SIAMÉS Cr
Crocodylus siamensis
Familia Crocodylidae
DISTRIBUCIÓN: sur
de Asia, Malasia

COCODRILO DEL NILO Pm
Crocodylus niloticus
Familia Crocodylidae
DISTRIBUCIÓN: África
subsahariana,
Madagascar,
Oriente
Medio

**CAIMÁN DE
ANTEOJOS** Pm
Caiman crocodylus
Familia
Alligatoridae
DISTRIBUCIÓN:
Centroamérica

COCODRILO MARINO Pm
Crocodylus porosus
Familia Crocodylidae
DISTRIBUCIÓN: Nueva Guinea,
Australia, Vietnam, Indonesia, Sri
Lanka, Borneo, Filipinas, islas Salomón

ANFIBIOS

A caballo entre el medio acuático y el terrestre, los anfibios son los únicos vertebrados que deben pasar por una transformación completa para desarrollarse como ejemplares adultos. Son unos animales con características muy particulares.

DIVISIÓN

Filo:	Chordata
Clase:	Amphibia
Orden:	3
Familia:	44
Especies:	unas 5.200

Rana chubby *(Kalonla pulchra)*.

Por sus características cabría pensar que son animales que representan la transición entre peces y reptiles, pero forman parte de un linaje muy antiguo. Son descendientes de los primeros vertebrados que conquistaron el medio terrestre. Algo común a todos los anfibios es que las crías no tienen ni la estructura ni el aspecto de sus progenitores. Cuando nacen están en una fase larvaria que es acuática y en la que desarrollan una respiración branquial, pero para pasar a su fase adulta deben sufrir una metamorfosis; durante este proceso de transformación se producen cambios morfológicos y fisiológicos que dan lugar a una forma adulta, totalmente distinta de la larvaria, que realiza una vida semiacuática y posee una respiración pulmonar. Las especies de anfibios pueden ser muy distintas morfológicamente como podemos ver en los representantes de sus órdenes:

• ANUROS: comprende a las ranas y sapos. Tienen un tronco corto, cuatro patas con unas extremidades posteriores muy largas, y carecen de cola. Su larva recibe el nombre de renacuajo. Se distribuyen por todos los continentes excepto en la Antártida y, salvo en los desiertos extremos y las regiones polares, se encuentra en todo tipo de hábitats.
• CAUDADOS: incluye a las salamandras y tritones. Su cuerpo es alargado, poseen

cuatro extremidades cortas y de igual tamaño, aunque algunas especies han perdido las posteriores, y tienen una cola larga. Su distribución es menor que la de los anuros. Se hallan en los hábitats dulceacuícolas y semiterrestres de zonas boscosas de Norteamérica, el norte de Sudamérica, Europa, países bañados por el Mediterráneo y bosques asiáticos.
• GIMNOFIONOS: se les denomina cecilias y carecen de extremidades, son ápodos. Su cuerpo es alargado y la cola apenas se diferencia, lo que les confiere aspecto de gusano. Estos hábiles excavadores se encuentran sólo en las regiones tropicales de África, Sudamérica y Asia.

LA PIEL DE LOS ANFIBIOS

Es limpia, brillante, carece de escamas y pelos y es muy permeable al agua para poder mantener el equilibrio hídrico del animal. La mayoría de los anfibios segregan sustancias tóxicas o venenosas. Pero además de esa función protectora, la piel de los anfibios está plagada de glándulas mucosas que mantienen la piel humedecida, una acción clave para otra función adjudicada a la piel: el intercambio de gases. Pues a pesar de que las formas adultas de los anfibios respiran por pulmones, también lo hacen a través de la piel que está muy vascularizada, e incluso algunas especies de salamandras sólo dependen de la piel para respirar, ya que sus pulmones están atrofiados.

REPRODUCCIÓN

La fecundación puede ser tanto externa como interna (típica de las cecilias). A su vez, la forma externa también varía, puesto que puede suceder que el macho rocíe con su esperma los huevos que va poniendo la hembra (más habitual en anuros) o bien que el esperma se encuentre en unos paquetes llamados espermatóforos y que la

hembra recoge con su cloaca (frecuente en caudados).

También hay especies vivíparas y ovíparas. En este último caso los huevos suelen ponerse o bien en el agua, o en sitios cercanos a corrientes de agua de modo que al eclosionar las larvas la encuentren rápidamente. Muchos anfibios cuidan mucho de su puesta; incluso algunas ranas la llevan encima, como el sapo partero *(Alytes obstetricans)*.

ALIMENTACIÓN

Varía del estado larvario al adulto. Las larvas de los anfibios son por lo general vegetarianas; se alimentan de las algas que raspan de las superficie de los guijarros y del lecho de los arroyos y charcas. Aunque hay algunos casos de larvas carnívoras, concretamente caníbales. En su fase adulta los anfibios son carnívoros y se alimentan sobre todo de invertebrados, aunque también pueden entrar larvas de anfibios en su menú.

GRUPOS DE ANFIBIOS

ÓRDENES
Gymnophiona (cecilias)
Caudata (tritones y salamandras)
Anura (ranas y sapos)

En la imagen de la izquierda, renacuajos de sapo amarillo (*Bombina variegata*) en los que empiezan a diferenciarse las extremidades posteriores. En grande, rana verde de ojos rojos (*Agalychnis callidryas*).

RANAS Y SAPOS

El orden de los anuros comprende unas 4.500 especies de anfibios especialmente diseñados para saltar. Y es que si algo llama la atención de este grupo de animales son sus largas patas traseras conformadas para el salto. Pero también destacan en otras categorías gimnásticas: la presencia de membranas interdigitales en sus pies les facilita la natación; en el caso de las ranas arborícolas, estas tienen discos adherentes en las puntas de sus dedos para poder trepar. Las ranas y sapos carecen de cola; tienen una piel lisa o verrugosa que requiere una humedad constante, y pueden llevar una vida acuática, anfibia, arborícola o terrestre. Todos los anuros están en el agua cuando llega el momento de reproducirse, pues es en este medio donde se desarrollan sus larvas, los renacuajos, hasta que alcanzan la metamorfosis completa y se convierten en una rana adulta.

SAPO MARINO Pm
Bufo Marinus
Orden Anura
DISTRIBUCIÓN: sur de Estados Unidos, América central y del sur, Nueva Guinea, Autralia, diversas islas asiáticas

RANA FLECHA VERDINEGRA Pm
Dendrobates auratus
Orden Anura
DISTRIBUCIÓN: Costa Rica, Nicaragua, Colombia, Panamá, Hawái

RANA ARBORÍCOLA VERDE DE AUSTRALIA Pm
Litoria caerulea
Orden Anura
DISTRIBUCIÓN: Nueva Guinea, Australia

RANA VENENOSA DEL CAUCA Pm
Ameerega bilinguis
Orden Anura
DISTRIBUCIÓN: Ecuador, Colombia

RANA CORNUDA DE SURINAM Pm
Ceratophrys cornuta
Orden Anura
DISTRIBUCIÓN: Ecuador, Colombia, Guyanas, Perú, Venezuela, Bolivia, Brasil

RANA TORO Pm
Lithobates catesbeianus
Orden Anura
DISTRIBUCIÓN: Canadá, centro y este de Estados Unidos, norte de México, Hawái

RANA AFRICANA LEOPARDO Pm
Kassina maculata
Orden Anura
DISTRIBUCIÓN: este y sur de África

RANITA DE SAN ANTONIO Pm
Hyla arborea
Orden Anura
DISTRIBUCIÓN: Europa

RANA CORNUDA MALAYA Pm
Megophrys nasuta
Orden Anura
DISTRIBUCIÓN: Sudeste Asiático

RANA TORO AFRICANA Pm
Pyxicephalus adspersus
Orden Anura
DISTRIBUCIÓN: África subsahariana, Sudáfrica

RANA VERDE DE OJOS ROJOS Pm
Agalychnis callidryas
Orden Anura
DISTRIBUCIÓN:
Centroamérica

**RANA AFRICANA
DE UÑAS** Pm
Xenopus laevis
Orden Anura
DISTRIBUCIÓN: África,
sudeste de Estados
Unidos, Chile, Europa

RANA BERMEJA Pm
Rana temporaria
Orden Anura
DISTRIBUCIÓN: Europa,
sobre todo Gran Bretaña,
noroeste de Asia

SAPO COMÚN Pm
Bufo bufo
Orden Anura
DISTRIBUCIÓN: Europa,
Siria, Líbano

SAPO TOMATE A
Dyscophus antongilii
Orden Anura
DISTRIBUCIÓN:
Madagascar

SAPO VERDE Pm
Bufo viridis
Orden Anura
DISTRIBUCIÓN: norte
y este de Europa, norte
de África, China

SAPITO DARDO TRILISTADO Pm
Ameerega trivittata
Orden Anura
DISTRIBUCIÓN: Venezuela, Guyanas,
Surinám, Colombia, Perú, Bolivia, Brasil

**RANA FLECHA
DORADA** Ep
Phyllobates terribilis
Orden Anura
DISTRIBUCIÓN: Amazonas,
Colombia, costa de
Centroamérica

RANA MONO ENCERADA Pm
Phyllomedusa sauvagii
Orden Anura
DISTRIBUCIÓN: Bolivia, Brasil,
Paraguay, Argentina

**SAPILLO DE VIENTRE DE
FUEGO ORIENTAL** Pm
Bombina orientalis
Orden Anura
DISTRIBUCIÓN: China, las dos
Coreas, Tailandia, Japón

SALAMANDRAS Y TRITONES

El nombre que recibe el orden, Caudata, hace referencia a una característica concreta de estos anfibios: poseen cola. Y es que salamandras y tritones, al contrario que las ranas, conservan la cola tras la metamorfosis. Son mucho menos numerosos que los anuros, alrededor de 470 especies que en su mayoría viven en el hemisferio norte. Estos reducidos carnívoros de menos de 15 cm de longitud se alimentan de pequeños invertebrados como insectos, gusanos o caracoles, a los que algunas especies dan caza con su lengua extensible, como sucede con los camaleones. Prefieren las zonas sombrías o con cierta humedad para poder mantener su piel húmeda y facilitar el intercambio de gases, pues una cualidad de los anfibios es la capacidad de respirar a través de la piel.

TRITÓN CRESTADO Pm
Triturus cristatus
Orden Caudata
DISTRIBUCIÓN: Europa
(excepto el sur)

TRITÓN DE HONG KONG A
Paramesotriton hongkongensis
Orden Caudata
DISTRIBUCIÓN: China (Hong Kong)

TRITÓN DE CALIFORNIA Pm
Taricha torosa
Orden Caudata
DISTRIBUCIÓN: Estados
Unidos (California)

TRITÓN VIENTRE DE FUEGO Pm
Cynops pyrrhogaster
Orden Caudata
DISTRIBUCIÓN: Japón

TRITÓN DE LAOS Nr
Paramesotriton laoensis
Orden Caudata
DISTRIBUCIÓN: Laos

TRITÓN COMÚN Pm
Lissotriton vulgaris
Orden Caudata
DISTRIBUCIÓN: Europa

SALAMANDRA DE MANCHAS AZULES Pm
Ambystoma laterale
Orden Caudata
DISTRIBUCIÓN: Canadá, noreste de Estados Unidos

SALAMANDRA COMÚN Pm
Salamandra salamandra
Orden Caudata
DISTRIBUCIÓN: centro y sur de Europa, norte de África, Oriente Medio

SALAMANDRA DE MANCHAS ROJAS Pm
Notophthalmus viridescens
Orden Caudata
DISTRIBUCIÓN: Estados Unidos, Canadá

SALAMANDRA TIGRE Pm
Ambystoma tigrinum
Orden Caudata
DISTRIBUCIÓN: Canadá, Estados Unidos, México

SALAMANDRA MOTEADA Pm
Ambystoma maculatum
Orden Caudata
DISTRIBUCIÓN: este de Estados Unidos (excepto Florida), sur de Canadá

SALAMANDRA ROJA Pm
Pseudotriton ruber
Orden Caudata
DISTRIBUCIÓN: Estados Unidos

GALLIPATO A
Pleurodeles waltl
Orden Caudata
DISTRIBUCIÓN: Portugal, España, Marruecos

BOLITOGLOSA Pm
Bolitoglossa peruviana
Orden Caudata
DISTRIBUCIÓN: Amazonas, Ecuador, Perú

AJOLOTE Cr
Ambystoma mexicanum
Orden Caudata
DISTRIBUCIÓN: México

PECES

Son los vertebrados más numerosos, con más de 20.000 especies, y los más antiguos, si tenemos en cuenta que los vertebrados terrestres se diferenciaron a partir de peces de aletas lobuladas hace 360 millones de años. Habitan todos los medios acuáticos del planeta y son los responsables de la gran diversidad biológica de nuestros ríos, lagos, mares y océanos.

DIVISIÓN

Filo:	Chordata
Clases:	Cephalaspidomorphi, Myxini, Chondrichthyes, Actinopterygii y Sarcopterygii
Órdenes:	58
Familia:	469
Especies:	20.000 o más

Llamamos peces a un grupo de animales vertebrados de vida totalmente acuática, con respiración branquial y que se desplazan mediante aletas. Sin embargo, peces no es una clase zoológica. Existen diferencias importantes para dividirlos en cinco clases diferentes:

• Cephalaspidomorphi (lampreas)
• Myxini (mixinos)
• Chondrichthyes (tiburones y rayas)
• Actinopterygii (peces de aletas radiadas)
• Sarcopterygii (peces de aletas lobuladas)

En clasificaciones más antiguas las dos primeras clases se integran en el grupo de los peces no mandibulados; la tercera, en el grupo de peces cartilaginosos, y la cuarta y la quinta, en los peces óseos. Más adelante trataremos con más detalle los peces cartilaginosos y los óseos.

ANATOMÍA

La diversidad de especies es tan grande y responden a formas tan variadas (el pez más grande, el tiburón ballena, puede medir 12,5 m, mientras que el más pequeño, el pandaca pigmeo, sólo alcanza los 9 mm) que es difícil citar características comunes a todos ellos. Por ejemplo, los mixinos y lampreas carecen de mandíbulas, son de cuerpo alargado, vermiforme (con forma de gusano). Con las estructuras especiales de sus bocas se pegan a las presas y roen la carne o succionan la sangre como hacen las lampreas. Pero el resto de los peces tiene, por lo general, un cuerpo fusiforme en el que se diferencian cabeza, cuerpo y cola. Tienen mandíbulas con o sin dientes. Presentan aletas sostenidas por radios espinosos, óseos o cartilaginosos, que les sirven para desplazarse en el agua. Según su ubicación en el cuerpo, pueden tener un par de aletas pectorales, un par de aletas pélvicas, una o dos aletas dorsales, una anal y una caudal. También es común la vejiga natatoria, que facilita su flotación y desplazamiento vertical en la columna de agua.

PIEL ESCAMOSA

La mayor parte de los peces están cubiertos de escamas, que presentan cuatro formas distintas: ctenoideas, con forma trapezoidal y el borde posterior dentado, se disponen de forma solapada como si fueran tejas (en la mayoría de peces óseos); cicloideas, que son escamas más redondeadas y lisas y también se disponen de forma solapada sobre la piel del pez, lo que hace que tengan una textura más suave y flexible (salmones); ganoideas, que tienen forma romboidal y se disponen de forma intercalada (agujas, bichires), y placoideas, con dientes dérmicos con forma de tridente que dan a la piel una textura áspera (tiburones). Pero la piel de todos los peces, tanto con escamas como sin ellas, segrega una sustancia mucosa que la protege de bacterias y hongos y ayuda a reducir la resistencia al agua cuando se desplazan.

RESPIRACIÓN BAJO EL AGUA

Aunque es característica de los peces su respiración branquial, cabe destacar que existen peces pulmonados y algunos pueden llegar a respirar el aire atmosférico en condiciones adversas, como por ejemplo el dipnoo australiano (*Neoceratodus forsteri*). Pero todos los peces poseen branquias, alojadas en cavidades branquiales, protegidas por los opérculos o por hendiduras branquiales, que se sitúan detrás de la boca. Las branquias son unas estructuras externas muy ramificadas en laminillas que poseen una gran red vascular. Entre ellas circula el agua de la que extraen el oxígeno necesario para respirar.

UN SEXTO SENTIDO

La vista está bien desarrollada en los peces diurnos, pero casi anulada en los peces de hábitats a los que no llega la luz del sol, como los abisales o los que habitan en cuevas submarinas. Por el gusto y el olfato reciben percepciones que se mezclan en sus quimiorreceptores, células especializadas que suelen encontrarse en sus fosas nasales o en zonas cercanas a la boca o en apéndices como barbillas o bigotes. Y como el agua es un buen transmisor de las ondas sonoras, puede decirse que no tienen problemas de oído. Pero algo que es propio de la mayoría de los peces es otro sentido: línea lateral. Está formada por una serie de conductos rellenos de líquido dispuestos bajo las escamas y conectados a multitud de receptores muy sensibles a cualquier cambio producido en el agua, lo que les permite detectar presas y enemigos.

GRUPOS DE PECES

Como hemos comentado antes, existen cinco clases de peces, aunque suelen reunirse en tres agrupaciones informales que no corresponden a verdaderos taxones:

PECES NO MANDIBULADOS:
   Cephalaspidomorphi (lampreas)
   Myxini (mixinos)
CONDRICTIOS:
   Chondrichthyes (tiburones y rayas)
PECES ÓSEOS:
   Actinopterygii (trucha, salmón, sardinas, atún)
   Sarcopterygii (celacanto, dipnoo)

Todos los peces respiran bajo el agua gracias a las branquias. Con ellas pueden realizar el intercambio de gases en un medio acuático.

Un cardumen no siempre está compuesto por peces de la misma especie, pero sí de tamaños y características similares. Formar agrupaciones tan numerosas les protege frente a los depredadores porque así no pueden fijar como objetivo a un único individuo.

El pez mariposa enmascarado (*Chaetodon semilarvatus*).

PECES CARTILAGINOSOS

LOS PECES MÁS GRANDES Y PODEROSOS DE NUESTROS OCÉANOS SE ENCUENTRAN EN ESTE GRUPO, LOS CONDRICTIOS, CUYOS MIEMBROS, TIBURONES, RAYAS Y QUIMERAS, TIENEN EN COMÚN UN ESQUELETO CARTILAGINOSO Y NO ÓSEO COMO SUCEDE EN EL RESTO DE LOS PECES Y DE LOS VERTEBRADOS EN GENERAL.

DIVISIÓN	
Filo:	Chordata
Clase:	Chondrichthyes
Orden:	14
Familia:	50
Especies:	alrededor de 850

En las rayas, las aletas pectorales se unen al tronco.

Las rayas que viven en el lecho marino, como la raya manchada azul (*Taeniura lymma*), y utilizan los espiráculos de detrás de cada ojo para hacer pasar el agua que irá hasta sus branquias. A la derecha, un tiburón blanco con su característico cuerpo fusiforme.

Rayas torpedo o eléctricas camufladas en el fondo marino.

La clase de los condrictios incluye a los tiburones, las rayas y las quimeras. Hay representantes de este grupo en todos los mares y océanos del planeta y, aunque son fundamentalmente marinos, unas pocas especies de rayas pueden adentrarse en grandes estuarios de Sudamérica y vivir en el agua dulce de los ríos. Quizás el grupo más conocido de esta clase sean los tiburones, a los que se tiene por grandes depredadores y por tener fama de atacar de forma implacable a otros seres vivos, incluido el hombre. Pero sólo unas pocas especies de tiburones son tan agresivas. El tiburón ballena, que es el más grande de los escualos y de los peces en general (12,5 m), se alimenta de fitoplancton y de bancos de pequeños peces. Sin embargo, es cierto que los tiburones cazadores ocupan el primer lugar de la cadena trófica de los océanos, pero el mayor peligro para ellos es precisamente el hombre.

ANATOMÍA

Todos los condrictios se caracterizan por tener un esqueleto cartilaginoso, pero en muchas partes se encuentra más o menos mineralizado, lo que le da firmeza pero conservando la flexibilidad. Su piel está desnuda o bien cubierta por escamas placoideas entrelazadas. Cada escama consta de una placa basal que culmina en un pequeño montículo de dentina recubierto de una sustancia parecida al esmalte dental. De hecho sus escamas se consideran dentículos dérmicos que al tacto hacen que la piel parezca una lija. No poseen vejiga natatoria; tienen un estómago ancho y un intestino corto y una válvula espiral que aumenta la superficie absorbente. Sus branquias se sitúan en hendiduras branquiales, del orden de cinco a siete pares en tiburones y rayas y un par en quimeras.

Por lo general tienen un cuerpo fusiforme, sobre todo los tiburones, aunque mantas y rayas presentan un cuerpo ancho y aplanado como consecuencia de la fusión de las aletas pectorales con el cuerpo.

REPRODUCCIÓN

En estos peces la fecundación es interna y se produce por la modificación de una de las aletas pélvicas, que se diferencia hasta formar un apéndice llamado pterigopodio con el cual traspasa el esperma a la cloaca de la hembra. Los condrictios pueden ser ovíparos: la hembra pone unos huevos de envoltura córnea que se adhieren a la vegetación; ovovivíparos: las huevos eclosionan en el interior de la madre para luego ser liberados vivos; e incluso vivíparos: la parte terminal del oviducto forma una especie de útero en el que se desarrollan los huevos y crece el embrión alimentándose a través de una estructura similar a la placenta. Las crías nacen

totalmente desarrolladas (son como adultos en miniatura) y no pasan por una fase larvaria como sucede en los llamados peces óseos.

ALIMENTACIÓN

Aunque todos los condrictios son carnívoros, existen ciertas preferencias en sus hábitos alimenticios. La mayoría de los condrictios se alimenta de presas vivas, aunque también puede comer carroña porque cuenta con dientes afilados con los que atrapa y desgarra a sus presas. Una ventaja de estos animales es que los dientes que se pierden siempre se sustituyen por otros. Por otro lado, muchas especies de tiburones grandes y de rayas cuentan con dientes pequeños apenas inservibles, por lo que se alimentan como las ballenas, filtrando el plancton del agua. Para ello poseen hendiduras branquiales modificadas o con un tejido esponjoso que atrapa a los animales y algas microscópicos.

GRUPOS DE CONDRICTIOS

La agrupación informal de tiburones, rayas y quimeras se corresponde con una clasificación científica en la que guardan relaciones biológicas, si bien estos tres grupos no pertenecen a la misma categoría taxonómica, es decir, se corresponden con dos superórdenes y un único orden.

El tiburón ballena es el pez más grande que existe y se alimenta de pequeños peces y otros animales microscópicos.

GRUPOS (de condrictios)

CLASE: Chondrichthyes
SUBCLASE: Elasmobranchii
   SUPERORDEN:
      Batoidea (rayas, mantas, peces sierra)
      Selachimorpha (tiburones)
SUBCLASE: Holocephali
   ORDEN:
      Chimaeriformes (quimeras)

TIBURONES Y RAYAS

Los elasmobraquios (tiburones y rayas) pertenecen a uno de los grupos taxonómicos de vertebrados más antiguos que existen, ya que han sobrevivido más de 400 millones de años. Cuando los dinosaurios dominaban la Tierra, peces muy similares a nuestros actuales tiburones y rayas ya nadaban en los océanos. Se calcula que existen unas 1.200 especies de peces cartilaginosos, de los cuales más de 400 son tiburones. A lo largo de muchos años de evolución, estos peces cartilaginosos han adquirido adaptaciones muy específicas a su hábitat y estrategia de alimentación. Por ejemplo, los tiburones alfombra viven y se alimentan en el fondo marino, de forma que sus aletas pectorales están modificadas para poder caminar sobre el lecho. Además, poseen unos barbillones sensoriales alrededor del morro con los que detectan moluscos y pequeños peces. Por otra parte, en las rayas, las aletas pectorales se extienden, se fusionan con el cuerpo y se ondulan de forma característica cuando se desplazan en el agua. La cola, larga y delgada, no tiene la función de locomoción de la de los tiburones, pero algunas familias poseen órganos eléctricos e incluso púas afiladas para defenderse.

PEZ GUITARRA GIGANTE Vu
Rhynchobatus djiddensis
Orden Rajiformes
DISTRIBUCIÓN: mar Rojo, oeste del océano Índico, aguas de Sudáfrica

TIBURÓN GRIS A
Carcharhinus amblyrhynchos
Orden Carcharhiniformes
DISTRIBUCIÓN: océanos Índico y Pacífico Central

GRAN TIBURÓN BLANCO Vu
Carcharodon carcharias
Orden Lamniformes
DISTRIBUCIÓN: océano Atlántico, desde Canadá hasta Argentina

TIBURÓN DE PUNTAS NEGRAS A
Carcharhinus melanopterus
Orden Carcharhiniformes
DISTRIBUCIÓN: Atlántico Oeste, Índico, este del Mediterráneo

PEZ GUITARRA ESBELTO Nr
Rhinobatos holcorhynchus
DISTRIBUCIÓN: océano Índico

MANTARRAYA O MANTA GIGANTE A
Manta birostris
Orden Rajiformes
DISTRIBUCIÓN: Atlántico sudoccidental, océanos Pacífico e Índico

RAYA DE ARRECIFE A
Taeniura lymma
Orden Rajiformes
DISTRIBUCIÓN: océano Índico, mar Rojo

RAYA JASPEADA A
Aetobatus narinari
Orden Myliobatiformes
DISTRIBUCIÓN: Golfo de México, Comores, este de África, Sudáfrica

PEZ GUITARRA A
Rhinobatos productus
DISTRIBUCIÓN: océano Pacífico Este

MIELGA Ep
Squalus acanthias
Orden Squaliformes
DISTRIBUCIÓN: océanos Atlántico y Pacífico, mares Mediterráneo y Negro

IBURÓN BALLENA [Vu]
hincodon typus
Orden Orectolobiformes
DISTRIBUCIÓN: aguas tropicales y
mpladas, excepto el Mediterráneo

TIBURÓN ARENERO [Vu]
Carcharhinus obscurus
Orden Carcharhiniformes
DISTRIBUCIÓN: océano Atlántico

TIBURÓN LIMÓN [A]
Negaprion brevirostris
Orden Carcharhiniformes
DISTRIBUCIÓN: aguas europeas,
Golfo de México, Atlántico
Noroeste

TIBURÓN TIGRE [A]
Galeocerdo cuvieri
Orden Carcharhiniformes
DISTRIBUCIÓN: océano
Atlántico

TIBURÓN
OCEÁNICO DE
PUNTAS BLANCAS [Vu]
Carcharhinus longimanus
Orden Carcharhiniformes
DISTRIBUCIÓN: océano
Atlántico Oeste

IBURÓN MARTILLO [Ep]
phyrna lewini
rden Carcharhiniformes
DISTRIBUCIÓN: océanos Índico,
acífico, aguas tropicales del
tlántico

TIBURÓN CEBRA
O ACEBRADO [Vu]
Stegostoma fasciatum
Orden Orectolobiformes
DISTRIBUCIÓN: océanos Pacífico
e Índico

TIBURÓN NODRIZA [A]
Ginglymostoma cirratum
Orden Orectolobiformes
DISTRIBUCIÓN: Atlántico Oeste,
Golfo de México, mar Caribe

TIBURÓN ALFOMBRA
MANCHADO [A]
Orectolobus maculatus
Orden Orectolobiformes
DISTRIBUCIÓN: océano Pacífico
Oeste, costa sur de Australia

TIBURÓN BLANCO

Carcharodon carcharias
Orden: Lamniformes
Familia: Lamnidae

El más temido de los tiburones y quizá de todos los animales marinos. Ha sido protagonista de ataques a personas, pero no tantos como se quiere creer, debidos en su mayoría a la temeridad de estas al adentrarse en los dominios del tiburón blanco y también por su confusión al creer que se trataba de su presa favorita, la foca. Dentro del grupo de los tiburones, es uno de los más grandes (se han visto ejemplares que han alcanzado los 8 m), pero no es el mayor. Merodea los mares cálidos y sus costas. Es un visitante fijo del mar de las Antillas, del golfo de México, la costa australiana excepto la septentrional, costas que bañan el Caribe, archipiélagos del Pacífico, costa este de EE.UU., Sudáfrica, litoral asiático, mar Rojo, mar Mediterráneo, costa atlántica norteafricana…

TAMAÑO: peso hasta 2 toneladas; de 4 a 7-8 m de longitud.

DISTRIBUCIÓN: aguas tropicales y templadas, ausentes en océanos Ártico y Antártico.

ALETA
Cuando nada en la superficie, sobresale su típica aleta triangular.

EL HOCICO
Su cabeza termina en un hocico triangular.

BRANQUIAS
El tiburón blanco tiene cinco pares de hendiduras branquiales.

LOS OJOS
Cuando atacan a una presa, vuelven los ojos para protegerlos de golpes.

DIENTES
Sus afilados dientes se sustituyen a medida que se pierden piezas.

ANATOMÍA

Tiene la forma típica de los tiburones: un bello cuerpo hidrodinámico de forma fusiforme que le permite desplazarse por el agua con suma rapidez y sincronía. Su parte superior o lomo es de color gris oscuro o azulado y tiene toda la parte ventral blanca, lo que le ayuda a camuflarse para atacar a sus presas. Su cabeza termina en un hocico puntiagudo; posee unos pequeños ojos negros a ambos lados de la cabeza y cinco pares de hendiduras branquiales. Sus aletas son rígidas, lo que le permite mantener su dirección mientras nadan. Además, carece de vejiga natatoria, por lo que debe estar continuamente nadando para no hundirse y proporcionar un flujo constante de agua entre sus branquias.

Dispone de un par de aletas pectorales en forma de hoz, una dorsal grande y triangular, característica en esta especie, y una aleta caudal con forma de media luna. Cercana a ella, cuenta con una pequeña aleta dorsal y otra ventral. Su enorme boca tiene una disposición ventral y posee dos filas de dientes triangulares en forma de sierra. Cuando pierde un pieza, otra la sustituye y van creciendo «recambios dentales» durante toda su vida.

REPRODUCCIÓN

El tiburón blanco suele ser un animal solitario que rara vez se le ve en compañía de pequeños grupos, quizás para alimentarse. Pero es frecuente que se avisten ejemplares solos. En época de apareamiento, en primavera o verano, busca a hembras cerca de los atolones y arrecifes costeros de aguas templadas. Allí fecundará a la hembra mediante su aleta pélvica modificada, el pterigopodio. En lugar de realizar la puesta, los huevos, entre cuatro y diez, se desarrollan dentro de la hembra. Al eclosionar, los pequeños tiburones pueden alimentarse de los embriones menos desarrollados o de los huevos sin fecundar. Cuando nacen están totalmente formados como adultos en miniatura. Desde ese momento se independizan y crecen llevando una vida totalmente solitaria.

ALIMENTACIÓN

Pueden capturar mamíferos de tallas considerables como leones marinos o focas, pero también consume peces grandes, delfines y cualquier animal que el tiburón considere como posible presa. Merodea a sus presas por debajo de ellas; su color oscuro como el fondo marino no delata su presencia, de modo que lanza un ataque en una progresión de nado corta y potente.

Atrapa sus presas con sus dientes de sierra y logra desgarrar la pieza agitando la cabeza a ambos lados. Los tiburones blancos carecen de la membrana nictitante (que cubre y proteje los ojos de los tiburones durante el ataque). En su lugar, el gran tiburón blanco puede girar los ojos hacia adentro y activar sus ampollas de lorenzini que se sitúan en la punta del morro y mediante las cuales perciben cualquier pequeño campo eléctrico por débil que sea emitido por su víctima. También tienen un excelente sentido del olfato, así que puede localizar a una posible presa herida a varios kilómetros de distancia.

Un tiburón blanco con su característica coloración blanca en la parte ventral y oscura en la parte superior.

PECES ÓSEOS

ESTE GRUPO DE PECES QUE TIENE UN ESQUELETO INTERNO DE ORIGEN ÓSEO
REPRESENTA LA MAYORÍA DE LOS PECES QUE HABITAN LAS AGUAS OCEÁNICAS Y
CONTINENTALES. SUS MIEMBROS POSEEN UNA INFINITA VARIEDAD DE FORMAS QUE VAN
DESDE LA MÁS COMÚN FUSIFORME CON ALETAS A AMBOS LADOS A ASPECTOS TAN
EXTRAÑOS Y EXTRAVAGANTES QUE PUEDEN HACERNOS CREER QUE ESTAMOS ANTE
ROCAS, MONSTRUOS O SIMPLES ALGAS.

DIVISIÓN	
Filo:	Chordata
Clase:	Actinopterygii y Sarcopterygii
Orden:	47
Familia:	50
Especies:	más de 20.000

Los peces óseos son el grupo de vertebrados más numeroso y se encuentran en todo tipo de hábitats acuáticos. Han sido capaces de conquistar los abismos marinos más profundos y subir hasta arroyos de montaña, o aguantar altas salinidades o pasar de un medio dulce a otro salado sin graves consecuencias para su supervivencia. Llamamos peces óseos a dos clases: Actinopterygii, que poseen aletas con radios óseos, y Sarcopterygii, con aletas lobuladas (en las que sólo la base es ósea). Pero ambas poseen un esqueleto interno con una columna vertebral constituida por un gran número de vértebras y costillas.

ANATOMÍA

Su piel está generalmente recubierta por escamas, ctenoideas y cicloideas, que a menudo se encuentran imbricadas (solapadas como tejas), mientras que otras están contiguas unas a otras (ganoideas) o totalmente separadas. La gama y la combinación de colores son increíbles en estos peces gracias a la presencia de unas células llenas de pigmentos llamadas cromatóforos con capacidad para cambiar la superficie reflectante de la luz. La mayoría de este grupo de peces posee vejiga natatoria, una bolsa de tejido llena de gas que se encuentra por debajo de la columna vertebral y cuyo contenido gaseoso regulan para controlar la profundidad a la que se encuentran. Respiran por branquias (salvo un pequeño grupo que también puede hacerlo por una especie de rudimentos de pulmones), que se disponen detrás de la boca en unas hendiduras branquiales protegidas por el opérculo.

Pueden carecer de dientes o bien tenerlos pero con morfologías muy diferentes adaptadas al tipo de alimentación. Poseen aletas pares o en número impar que también presentan una gran diversidad morfológica según las especies.

REPRODUCCIÓN

Prácticamente en todos los peces óseos se realiza una fecundación externa. A medida que la hembra pone los huevos, el macho

El pez león (*Pterois antennata*) hace de sus aletas todo un alarde ornamental. En la otra página, pez payaso (*Amphiprion ocellaris*) escondido entre una anémona.

los rocía con su esperma para fertilizarlos. Suelen poner los huevos en el sedimento o entre la vegetación, y son raras las especies que realizan cuidados parentales, por eso las puestas son abundantes en número, ya que tanto huevos como crías están continuamente expuestas a todo tipo de peligros. Si bien algunos padres pueden proteger el nido o incluso incubar los huevos en su boca, o albergar a las

Los dientes del pez loro están tan pegados unos a otros que forman una estructura similar al pico de los loros. Gracias a ellos puede triturar el coral duro del que se alimenta.

La morfología de los peces óseos es extraordinariamente diversa. Algunos parecen rocas o corales, como sucede con el pez sapo (*Antennarius commersoni*).

Algunos peces óseos pueden pasar periodos de su vida tanto en aguas dulces como marinas. Por ejemplo, los salmones son peces anádromos: viven en el mar pero vuelven al río que les vio nacer para reproducirse, desovar y morir.

pequeñas crías en la boca para defenderlas de depredadores. De los huevos nacerán las larvas del pez, con rasgos distintos al adulto, y que se alimentarán en un primer momento del saco vitelino. Deberán completar su fase larvaria y realizar una metamorfosis para convertirse en individuos adultos con las mismas características que sus progenitores. Un rasgo curioso de algunas especies de este grupo es su hermafroditismo: cada individuo pose tanto órganos reproductores femeninos como masculinos. También pueden cambiar de sexo según las condiciones poblacionales (por un exceso de hembras, o de machos).

ALIMENTACIÓN

La alimentación de estos peces es muy variada. Hay peces óseos que se alimentan de materia vegetal como plantas acuáticas o algas, o de otros peces, crustáceos, moluscos, corales, o incluso plancton que filtran en sus arcos branquiales. Pueden ser cazadores solitarios o bien agruparse en numerosos bancos llamados cardúmenes. Estas reuniones de peces tan numerosas facilitan la captura de su alimento y a su vez les proporcionan cierta protección frente a los depredadores, que se ven incapaces de centrarse en un único individuo.

GRUPOS (de peces óseos)

CLASE: Actinopterygii
SUBCLASE:
   Chondrostei (esturiones y bichires)
   Neopterygii
      INFRACLASE:
         Holostei (amias y pejes)
         Teleostei (percas, bacalao, arenques, salmones, lábridos, gobios, etc.)

CLASE: Sarcopterygii
SUBCLASE:
   Coelacanthimorpha (celacantos)
   Dipnoi (dipnoi pez pulmonado)

PECES ÓSEOS

Si nos sumergimos en el mar, en un río o en una laguna, con toda certeza la mayoría de los peces que avistemos pertenecerán al grupo de los llamados peces óseos, y es que nueve de cada diez peces lo son. Las especies más conocidas de peces pertenecen a la clase de los actinopterigios, entre los que se encuentran salmones, truchas, arenques, carpas, sardinas, cíclidos, bacalaos, gobios… La mayoría constituye la base del comercio pesquero. Muchos de estos peces nadan en cardúmenes más o menos numerosos (algunos pueden agrupar a miles de individuos). Se trata de una estrategia de supervivencia, ya que en un grupo numeroso hay más oportunidades de avistar el peligro y, por lo tanto, de reaccionar a tiempo, porque lo curioso de los cardúmenes es que la coordinación del movimiento de los individuos que lo integran es tan absoluta que se comportan como si fueran un solo organismo.

PEZ LEÓN COLORADO Nr
Pteroirs volitans
Orden Scorpaeniformes
Distribución: aguas de Nueva Zelanda, Índico occidental, mar Rojo, Atlántico noroeste

PEZ MARIPOSA Pm
Chaetodon melannotus
Orden Perciformes
DISTRIBUCIÓN: este de África, mar Rojo, aguas de Sudáfrica

PEZ VELA DEL ATLÁNTICO Nr
Istiophorus albicans
Orden Perciformes
DISTRIBUCIÓN: aguas europeas, Golfo de México, aguas de Sudáfrica

DORADO Pm
Coryphaena hippurus
Orden Perciformes
DISTRIBUCIÓN: océanos Atlántico, Pacífico, Índico

LÁBRIDO LIMPIADOR AZUL Pm
Labroides dimidiatus
Orden Perciformes
DISTRIBUCIÓN: océano Índico occidental, mar Rojo, aguas de Sudáfrica

SOLDADO RAYA-NEGRA Nr
Myripristis jacobus
Orden Beryciformes
DISTRIBUCIÓN: Golfo de México, Atlántico Noroeste

MERO CORAL Pm
Cephalopholis miniata
Orden Perciformes
DISTRIBUCIÓN: océano Índico occidental, mar Rojo, aguas de Sudáfrica

CHOPA CRIOLLA Nr
Lepomis macrochirus
Orden Perciformes
DISTRIBUCIÓN: río San Lorenzo, Grandes Lagos, Misisipí

DAMISELA Nr
Neoglyphidodon melas
Orden Perciformes
DISTRIBUCIÓN: aguas de Kenia, Mozambique y Seychelles

DAMISELA VERDE Nr
Chromis viridis
Orden Perciformes
DISTRIBUCIÓN: océano Índico

SURUBÍ ATIGRADO Nr
Pseudoplatystoma fasciatum
Orden siluriformes
DISTRIBUCIÓN: grandes ríos de Sudamérica

PATRAÑA CASTAÑUELA Nr
Dascyllus aruanas
Orden Perciformes
DISTRIBUCIÓN: océano Índico occidental, mar Rojo

BALLESTA PAYASO [Nr]
Balistoides conspicillum
Orden Tetraodontiformes
DISTRIBUCIÓN: océano Índico
occidental, aguas de Sudáfrica

PEZ DISCO [Nr]
Symphysodon discus
Orden Perciformes
DISTRIBUCIÓN:
Sudamérica

PEZ ERIZO [Nr]
Diodon holocanthus
Orden Tetraodontiformes
DISTRIBUCIÓN: Azores, aguas
europeas, Golfo de Maine,
Golfo de México, mar Rojo,
océano Índico occidental

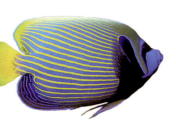

**PEZ ÁNGEL
EMPERADOR** [Pm]
Pomacanthus imperator
Orden Perciformes
DISTRIBUCIÓN: océano
Índico occidental, mar Rojo,
aguas de Sudáfrica

**PEZ DARDO
DE FUEGO** [Pm]
Nemateleotris magnifica
Orden Perciformes
DISTRIBUCIÓN:
océano Índico
occidental

PALOMETÓN [Nr]
Lichia amia
Orden Perciformes
DISTRIBUCIÓN: mar Negro, aguas
europeas, Índico occidental

PIRAÑA [Nr]
Serrasalmus nattereri
Orden Characiformes
DISTRIBUCIÓN: Sudamérica

RODABALLO [Nr]
Psetta maxima
Orden Pleuronectiformes
DISTRIBUCIÓN: aguas
de algunos países
europeos

**MORENA DEL
MEDITERRÁNEO** [Nr]
Muraena helena
Orden Anguiliformes
DISTRIBUCIÓN: Azores,
aguas europeas
e israelíes

PEZ GATO DE CRISTAL [Nr]
Kryptopterus bicirrhis
Orden Siluriformes
DISTRIBUCIÓN: Asia

**DRAGÓN DE MAR
FOLIADO** [A]
Phycodurus eques
Orden Syngnathiformes
DISTRIBUCIÓN: Australia

OTRAS ESPECIES

BACALAO [Vu]
Gadus morhua
Orden Gadiformes
DISTRIBUCIÓN: Atlántico Norte

BUMALO [Nr]
Harpadon nehereus
Orden Aulopiformes
DISTRIBUCIÓN: Somalia

CABALLA [Nr]
Scomber scombrus
Orden Perciformes
DISTRIBUCIÓN: aguas europeas y
canadienses

**CABALLITO DE MAR
REIDI AMARILLO** [Nr]
Hippocampus reidi
Orden Syngnathiformes
DISTRIBUCIÓN: océano Atlántico

MERO CRESTADO GRIS [Nr]
Epinephelus tauvina
Orden Perciformes
DISTRIBUCIÓN: océano Índico
occidental, mar Rojo, aguas de
Sudáfrica

PERCA [Pm]
Perca fluviatilis
Orden Perciformes
DISTRIBUCIÓN: aguas europeas,
norte de Asia, río Kolima

PEZ LORO BICOLOR [Pm]
Cetoscarus bicolor
Orden Perciformes
DISTRIBUCIÓN: mar Rojo, aguas de
Kenia, Mozambique, Seychelles y
Somalia

PEZ LUNA [Nr]
Mola mola
Orden Tetraodontiformes
DISTRIBUCIÓN: océano Atlántico

PEZ PAYASO [Nr]
Amphiprion ocellaris
Orden Perciformes
DISTRIBUCIÓN: aguas de Asia y
Australia

SALMÓN [Pm]
Salmo salar
Orden Salmoniformes
DISTRIBUCIÓN: océano Atlántico norte
y este, aguas del Círculo Polar Ártico,
ríos de Portugal y España

INVERTEBRADOS

BAJO ESTE NOMBRE SE AGRUPAN TODOS LOS ANIMALES QUE CARECEN DE COLUMNA VERTEBRAL Y, POR TANTO, DE ESQUELETO INTERNO. MÁS DEL 98% DE LOS ANIMALES QUE HABITAN NUESTRO PLANETA SON INVERTEBRADOS, ES DECIR, MÁS DE UN MILLÓN DE ANIMALES. Y REÚNE EJEMPLARES QUE MIDEN MICRAS O VARIOS METROS Y VIVEN EN EL AGUA O SE DESPLAZAN POR EL AIRE PORTANDO PESADAS CORAZAS. ENCONTRAMOS INVERTEBRADOS EN TODO TIPO DE HÁBITATS, INCLUSO EN LOS AMBIENTES MÁS EXTREMOS, PERO LA MAYORÍA DE ELLOS SON ACUÁTICOS.

CARACTERÍSTICAS

- ANATOMÍA. Su característica común es que no tienen esqueleto óseo interno articulado. Su cuerpo puede estar formado por tejido blando sin ninguna estructura que le dé rigidez o bien presentar una cubierta externa o interna que le proporciona protección y cierta estructura de sostén. Todos presentan algún tipo de simetría, que puede ser bilateral o radial. En los animales con simetría bilateral suele diferenciarse una cabeza y un cuerpo; la cabeza dirigirá el sentido de la marcha. Por su parte, los de simetría radial no presentan ese tipo de diferenciación corporal porque no suelen moverse o porque no hay una parte del cuerpo que indique la dirección de la marcha.

- METAMORFOSIS. Como hemos visto en estas páginas, la metamorfosis no es exclusiva de los invertebrados, pero sí se da en un buen número de ellos. Ser capaces de que las formas juveniles vivan de modo totalmente distinto al de la etapa adulta abre más posibilidades a la supervivencia de la especie porque los nichos ecológicos y el alimento se diversifican y hay más disponibilidad para larvas y adultos. La metamorfosis viene regulada por influencias hormonales que pueden dar lugar a cambios anatómicos graduales o abruptos.

- REPRODUCCIÓN. Como no puede ser de otra manera, en un grupo tan diverso también lo son las técnicas reproductivas. Así, encontramos invertebrados que se reproducen de forma asexual y/o sexual, ya que pueden optar por una u otra, o bien alternarlas en distintas etapas de su vida. En la reproducción asexual sólo interviene un progenitor que dará lugar a una progenie idéntica genéticamente (algo común entre los pulgones). No suele ser muy habitual pues la variabilidad genética que aporta la reproducción sexual brinda a la especie muchas más oportunidades de adaptación y supervivencia.

  En la reproducción sexual también hay variaciones puesto que puede haber individuos hermafroditas que se fecunden a sí mismos o entre ellos (como sucede con los caracoles), una fecundación totalmente externa (necesariamente en un medio acuático) en la que tanto los huevos como el esperma se liberen al exterior para que se produzca la fertilización (corales, erizos), o bien una fecundación interna (habitual en insectos) o parcialmente interna en la que el macho puede emitir su esperma en un paquete (espermatóforo) y pasárselo a la hembra, que lo recoge en su órgano genital femenino (arácnidos).

  Los huevos pueden estar al cuidado o no de los progenitores, al igual que las crías, que por lo general vivirán desde el primer momento expuestas a multitud de peligros, principalmente a los depredadores. Esto hace que las crías que prosperen no sean muy numerosas, pero para compensar las pérdidas los invertebrados recurren a puestas muy numerosas.

- ALIMENTACIÓN. Hay invertebrados carnívoros, herbívoros, filtradores, chupadores, raspadores… Una mayoría se alimenta de materia orgánica de procedencia tanto animal como vegetal, realizando una importante labor transformadora de los restos orgánicos que se acumulan en el medio natural y no tan natural, ya que en las urbes no nos privamos de nuestros invertebrados más o menos molestos.

GRUPOS DE INVERTEBRADOS

Si tenemos en cuenta que el grupo de los vertebrados sólo tiene un filo, Chordata, nos sorprenderá saber que los invertebrados integran alrededor de 30 filos distintos. Algunos nos resultan muy familiares si hablamos de moscas o medusas, pero de otros apenas conocemos su existencia si nos hablan de hidras o tardígrados.

UNA EXCEPCIÓN, INVERTEBRADOS CORDADOS
La mayoría de los cordados (que poseen un cordón esquelético interno llamado notocorda) son vertebrados, tienen columna vertebral. Pero existen dos excepciones entre los invertebrados que poseen notocorda pero no columna vertebral; se trata de las lancetas y los tunicados que son organismos marinos filtradores.

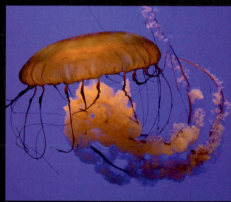

Las medusas como *Chrysaora fuscescens* son un organismo que en un 96% está constituido por agua. A la izquierda, *Hypseldoris apotegma* (*Nudi branquio*).

FILO CHORDATA

DE LOS 30 FILOS, DESTACAN:
Porifera (esponjas)
Cnidaria (corales, medusas)
Platyhelminthes (gusanos planos)
Nematoda (gusanos redondos)
Annelida (gusanos segmentados, lombrices de tierra)
Mollusca (caracoles, pulpos, almejas)
Echinodermata (erizo, estrellas de mar)
Arthropoda (insectos, arácnidos, crustáceos)

ESPONJAS, GUSANOS Y CNIDARIOS

Estos habitantes de los medios acuáticos poseen cuerpos blandos, livianos y más o menos con formas reconocibles. Son animales sencillos en su morfología y fisiología, pero de una gran complejidad en su ciclo vital, que ahora analizaremos uno a uno.

Corales de diversos colores. En la página siguiente, una anémona.

ESPONJAS

Durante siglos las especies comprendidas en el filo Porifera fueron consideradas plantas porque no poseen ningún rasgo que nos haga pensar que estamos ante un animal. No pueden moverse y presentan formas muy extrañas sin diferenciar. Sin embargo, son animales sencillos con una estructura muy simple que pueden medir desde micras a un par de metros.

Tienen una estructura en forma de saco, de copa o bien ramificada, pero compuesta de una sencilla pared corporal formada por tejidos epiteliales atravesados por poros por los que penetra el agua. En el interior de esos poros se encuentran unas células flageladas, los coanocitos, que filtran el agua y captan las partículas de alimento. Entre las capas epiteliales también hay fibras de colágeno y espículas minerales que forman el esqueleto de la esponja. Las características de las espículas diferencian las distintas clases de esponjas. Las esponjas no pueden moverse y muestran formas muy variadas.

Se reproducen de forma asexual mediante pequeñas yemas que hay en su superficie y de las que terminan desprendiéndose.

GUSANOS

Pertenecen a tres filos: Anelida (segmentados), Plathelminthes (planos) y Nematoda (redondos). Los gusanos planos son normalmente aplanados, con forma de hoja, y con simetría bilateral. La mayoría son de vida libre como las planarias, aunque también pueden ser parásitos (las duelas). Tienen tracto digestivo, pero no ano. Y la mayoría de las especies son capaces de regenerarse a partir de algún fragmento. Por su parte, los nemátodos o gusanos segmentados son alargados y cilíndricos con la cabeza y cola más estrechas. Existen tanto formas libres acuáticas como parásitas. Están envueltos en una resistente cutícula, poseen boca y ano y sexos separados. Los anélidos son gusanos con un cuerpo cilíndrico dividido en segmentos. En su interior presentan una cavidad, llamada celoma, llena de fluido que baña al sistema digestivo, y otros órganos. Pueden reproducirse asexualmente y sexualmente. Y existen tanto especies acuáticas como terrestres; las más conocidas son los poliquetos marinos, las sanguijuelas y las lombrices de tierra.

Gusano de árbol de Navidad (*Spirobranchus giganteus*).

CNIDARIOS

Nos resultan más conocidos si los llamamos corales, medusas y anémonas. Estos animales marinos (aunque hay una especie dulceacuícola, la hidra) se caracterizan por poseer células urticantes, los cnidoblastos, en toda la epidermis, y tener dos fases en su ciclo vital, el pólipo y la medusa. Son organismos muy sencillos. Sus células se organizan en dos capas de tejido: una externa, el ectodermo, y una interna, el endodermo. Entre ellas está la mesoglea, que es una capa gelatinosa con distintos tipos celulares. La estructura corporal tiene forma de saco y presentan una simetría radial. El pólipo es la fase sedentaria y algunas especies como los corales y las anémonas sólo existen como pólipos. Estos últimos poseen un disco basal donde se asientan, una región media que alberga la cavidad digestiva y una región oral, rodeada de tentáculos que hará tanto de boca como de ano, pues sólo poseen un único orificio. Algunos pólipos pueden formar colonias uniéndose unos a otros mediante un estolón tubular y dando lugar a los corales que pueden tener o no un esqueleto interno o externo, calcáreo, que alberga y da sostén a los pólipos. La fase medusa es la forma libre de los cnidarios. Su estructura corporal se asemeja a un paraguas abierto con un orificio central, la boca o manubrio, que se abre en su parte inferior cóncava, por el que se accede a la cavidad gastrovascular. Al conjunto se le denomina umbrela y tanto esta como el manubrio pueden prolongarse en tentáculos y brazos orales respectivamente, con los que capturan el alimento y se defienden.

ESPONJAS, GUSANOS Y CNIDARIOS

Estos invertebrados de vida subacuática poseen una amplia diversidad de formas, por lo que no es de extrañar que en ocasiones se les confunda con rocas o plantas. Pero se trata de animales en todos los casos, con formas de vida también muy peculiares. La mayoría de los gusanos son de vida libre, así como la fase medusa de los cnidarios. Sin embargo, las esponjas, algunos gusanos poliquetos, anémonas y corales (libres en su fase larvaria) se fijan a un sustrato y dependen de las corrientes de agua para atrapar su alimento. Cabe resaltar la función que estos animales tienen en el medio acuático. Salvo algunas especies parásitas de esponjas y gusanos, estos animales son fuente de alimento de otros muchos que conforman un eslabón superior en la cadena trófica. Además, las complejas estructuras que forman las comunidades de esponjas y cnidarios proporcionan un refugio estable a numerosas especies de peces, moluscos y crustáceos.

MEDUSA CAMBRIONE [Nr]
Crambrione mastigophora
Filo Cnidaria
DISTRIBUCIÓN: océano Pacífico Oeste

ESPONJA BARRIL [Nr]
Xestospongia muta
Filo Porifera
DISTRIBUCIÓN: mar Caribe, Golfo de México, aguas de Centroamérica

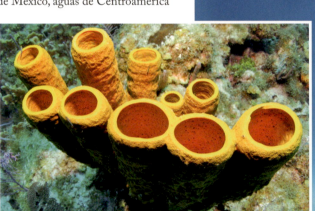

ESPONJA TUBO AMARILLA [Nr]
Aplysina fistularis
Filo Porifera
DISTRIBUCIÓN: Amazonas, aguas de Centroamérica, mar Caribe

ESPONJA VASO AZUL [Nr]
Callyspongia plicifera
Filo Porifera
DISTRIBUCIÓN: Golfo de México, mar Caribe

DEDO ESPONJA TÓXICA [Nr]
Negombata magnifica
Filo Porifera
DISTRIBUCIÓN: mar Rojo, aguas egipcias

PLANARIA TIGRE [Nr]
Pseudoceros cf. dimidiatus
Filo Platyhelminthes
DISTRIBUCIÓN: océano Índico, Pacífico Este

TOMATE DE MAR [Nr]
Actinia equina
Filo Cnidaria
DISTRIBUCIÓN: aguas europeas y de Sudáfrica

TENIA Nr
Taenia solium
Filo Platyhelminthes
DISTRIBUCIÓN: por todo el mundo

SANGUIJUELA Pm
Hirudo medicinalis
Filo Annelida
DISTRIBUCIÓN: aguas europeas

LOMBRIZ DE TIERRA Nr
Lumbricus terrestris
Filo Annelida
DISTRIBUCIÓN: aguas europeas

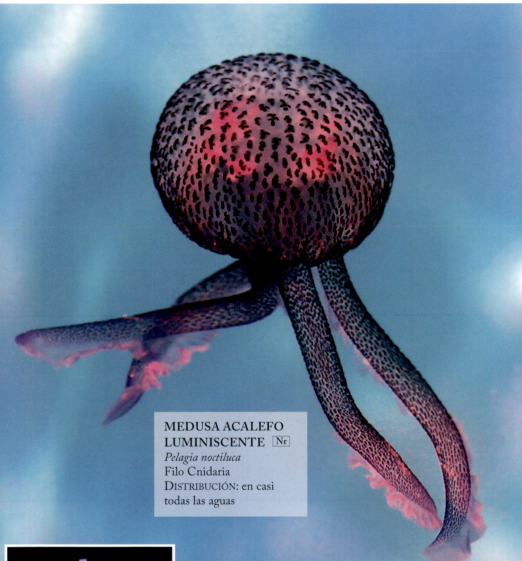

MEDUSA ACALEFO LUMINISCENTE Nr
Pelagia noctiluca
Filo Cnidaria
DISTRIBUCIÓN: en casi todas las aguas

GUSANO DE ÁRBOL DE NAVIDAD Nr
Spirobranchus giganteus
Filo Annelida
DISTRIBUCIÓN: aguas de Centroamérica, mar Rojo, océano Índico occidental

GUSANO DE FUEGO Nr
Hermodice carunculata
Filo Annelida
DISTRIBUCIÓN: Azores, aguas europeas, Golfo de México, mar Rojo

ACRÓPORA TENUIS AZUL A
Acropora tenuis
Filo Cnidaria
DISTRIBUCIÓN: océano Índico occidental

CORAL ROJO Nr
Corallium rubrum
Filo Cnidaria
DISTRIBUCIÓN: Mediterráneo, aguas europeas

DUELA DEL HÍGADO Nr
Fasciola hepatica
Filo Platyhelminthes
DISTRIBUCIÓN: casi todo el mundo

MOLUSCOS

Lo más llamativo de estos animales es su cuerpo blando, que adopta múltiples formas en sus miles de especies. Están distribuidos por todo el mundo, tanto en ambientes terrestres como marinos y dulceacuícolas. Son moluscos los caracoles, los mejillones, las almejas, las babosas, los pulpos o los calamares.

Los moluscos son unos curiosos animales que aparecieron en el planeta hace 530 millones de años. Pueden ser sumamente pequeños, como algunos gasterópodos de 1 mm, hasta los 20 m registrados del calamar gigante. Algo común a todos ellos es su manto o cavidad mántica, una capa de tejido que envuelve al cuerpo y a partir de la cual se formará la concha u otras estructuras de carbonato cálcico que protegerán al cuerpo. Con concha o sin ella, hay tres clases de moluscos con las que el hombre guarda estrecha relación, o bien porque se han convertido en plaga para sus intereses, o bien porque ha encontrado en ellos una fuente de aprovechamiento de alimento: son los bivalvos, gasterópodos y cefalópodos, los más representativos de este filo que engloba a ocho clases.

ANATOMÍA

Son animales con simetría bilateral de cuerpo blando con cabeza diferenciada (salvo en los bivalvos), un pie muscular y una masa visceral contenida en el manto, que es un pliegue de tejido con forma de saco. En su boca poseen la rádula (salvo en bivalvos), una lengua dentada de origen quitinoso (como nuestras uñas) que a modo de cinta sin fin se desarrolla continuamente, ya que se van eliminando los dientes más gastados de la punta y se van sustituyendo por los de detrás. El cuerpo puede estar protegido por una única concha (gasterópodos) o por una dividida en dos valvas (bivalvos) o no estarlo (cefalópodos). Poseen un sistema circulatorio, algunos con corazón, un sistema nervioso y la mayoría respira por branquias aunque estas pasan a tener un papel de filtradoras de alimento en los bivalvos y en algunos gasterópodos. En el caso de los gasterópodos terrestres, carecen de branquias y las paredes de la cavidad del manto hacen la vez de pulmones produciéndose un intercambio de gases directamente a través del aire y el cuerpo. Las células del manto pueden segregar mucosidades defensoras o protectoras, ya que estos animales necesitan tener la piel humedecida. También a partir del manto se formará la concha, de formas simples o con complejas circunvoluciones, que puede permanecer visible o bien oculta por el manto.

REPRODUCCIÓN

Dependiendo de la especie, puede ser externa o interna. Los moluscos pueden presentar sexos separados y también ser hermafroditas, como los caracoles, aunque las ostras son capaces de cambiar de sexo. En la fecundación externa el esperma llega a los huevos con el agua circulante. En la mayoría de las clases, salvo en los gasterópodos terrestres, de los huevos saldrán unas pequeñas larvas llamadas velígeras que ya poseen una pequeña concha y pie y que pasan a formar parte del plancton.

ALIMENTACIÓN

La mayoría de los moluscos se alimentan a través de la rádula, excepto los bivalvos, que utilizan las branquias para filtrar el agua y capturar las partículas de alimento que envuelven en una mucosidad y lo hacen pasar por acanaladuras hacia la zona bucal. Los caracoles y las babosas terrestres son herbívoros y poseen una rádula ancha con muchos dientes pequeños con los que raen la materia vegetal, hierbas y frutos de los que se alimentan. Los gasterópodos acuáticos raspan la superficie de rocas y del lecho marino, y tallos de algas. También hay especies de gasterópodos carnívoras que se alimentan de otros moluscos. Y acceden a ellos taladrando las conchas con ácidos o desgastándolas con las rádulas. Los cefalópodos carnívoros tienen una forma más dinámica de atrapar sus presas: se lanzan a ellas y las rodean son sus largos brazos quedando fijas a sus ventosas. Se alimentan de peces, crustáceos y moluscos que trituran con su mandíbula en forma de pico de loro.

DIVISIÓN

Filo:	Mollusca
Clase:	Caudofoveata
Especies:	70
Clase:	Solenogastres
Especies:	370
Clase:	Monoplacophora
Especies:	25
Clase:	Polyplacophora
Especies:	600
Clase:	Bivalvia
Especies:	20.000
Clase:	Cephalopoda
Especies:	900
Clase:	Scaphopoda
Especies:	900
Clase:	Gastropoda
Especies:	60.000-70.000

GRUPOS DE MOLUSCOS

Muchos tratados suelen recoger siete clases, pero en recientes clasificaciones los expertos han decidido dividir la antigua clase Aplacophora en dos distintas, Caudofoveata y Solenogastres, ya que lo único que comparten es la ausencia de concha.

FILO: Mollusca
CLASES:
- **Caudofoveata** (quetodermos)
- **Solenogastres** (solenogástreos)
- **Monoplacophora** (monoplacóforos)
- **Polyplacophora** (quitones)
- **Bivalvia** (almejas, ostras, mejillones, navajas)
- **Cephalopoda** (calamares, sepias, pulpos)
- **Scaphopoda** (conchas colmillo)
- **Gastropoda** (caracoles y babosas terrestres y marinas, lapas)

El caurí tigre (*Cypraea tigris*) es un gasterópodo marino que puede cubrir con su manto toda la superficie de su concha.

BIVALVOS, GASTERÓPODOS Y CEFALÓPODO

Estas tres clases de moluscos son muy diferentes morfológicamente, pero todas poseen las estructuras básicas que diferencian a los moluscos: el manto, el pie y la característica concha. Aunque siempre existen variaciones. Por ejemplo, los gasterópodos, clase que engloba a unas 75.000 especies, poseen una concha de una sola pieza (univalva) que crece en espiral en el caso de los caracoles, en forma de cono en las lapas o que ha desaparecido en las babosas. Con los bivalvos no hay lugar a dudas: las 20.000 especies que integran esta clase son acuáticas y poseen todas una concha con dos valvas que se articulan mediante una especie de bisagra, la charnela. Muy distintos en aspecto son los cefalópodos. Estos excelentes nadadores están equipados con numerosos brazos o tentáculos y carecen de concha externa, salvo en los nautilos y argonautas. Otra característica de los cefalópodos es su capacidad para cambiar de color y la posesión de un saco con tinta (excepto los nautilos) con la que despistan a sus enemigos.

BABOSA LEOPARDO Nr
Limax maximus
Clase Gastropoda
DISTRIBUCIÓN: Europa, Asia, Australia, Canadá, Sudamérica, Estados Unidos, norte de África

ALMEJA GIGANTE Vu
Tridacna gigas
Clase Bivalvia
DISTRIBUCIÓN: aguas tropicales del océano Pacífico

ALMEJA VONGOLE Nr
Tapes semidecussatus
Clase Bivalvia
DISTRIBUCIÓN: mar de Japón, Mediterráneo

ALMEJA DURA Nr
Mercenaria mercenaria
Clase Bivalvia
DISTRIBUCIÓN: océano Atlántico, Golfo de México, aguas europeas, mares Adriático, Norte y Mediterráneo

CALAMAR Nr
Loligo vulgaris
Clase Cephalopoda
DISTRIBUCIÓN: Atlántico este, mar del Norte, Mediterráneo

TIGRE DE CAURI Nr
Cypraea tigris
Clase Gastropoda
DISTRIBUCIÓN: océano Índico occidental

NAUTILUS Nr
Nautilus belauensis
Clase Cephalopoda
DISTRIBUCIÓN: océano Atlántico Suroeste

HYPSELODORIS Nr
Hypselodoris apolegma
Clase Gastropoda
DISTRIBUCIÓN: océano Pacífico occidental

OSTRA Nr
Ostrea edulis
Clase Bivalvia
DISTRIBUCIÓN: oeste de Europa, Marruecos, Mediterráneo, Norteamérica, Japón, Australia

GRAN PULPO ROJO Nr
Octopus cyanea
Clase Cephalopoda
DISTRIBUCIÓN: océano Pacífico e Índico

PULPO DE AROS AZULES Nr
Hapalochlaena lunulata
Clase Cephalopoda
DISTRIBUCIÓN: océanos Índico y Pacífico

CARACOL DE JARDÍN [Nr]
Helix aspersa
Clase Gastropoda
DISTRIBUCIÓN: por todo el mundo

CARACOL GIGANTE AFRICANO [Nr]
Achatina fulica
Clase Gastropoda
DISTRIBUCIÓN: océano Índico occidental, China, Japón, Filipinas, Hawái…

CARACOL DE ESTANQUE [Pm]
Lymnaea stagnalis
Clase Gastropoda
DISTRIBUCIÓN: Nueva Zelanda, Portugal, Inglaterra, España

CARACOL CONO [Pm]
Conus genuanus
Clase Gastropoda
DISTRIBUCIÓN: zona ecuatorial, aguas del este y oeste de África

BERBERECHO DEL GOLFO DE MÉXICO [Nr]
Dinocardium robustum
Clase Bivalvia
DISTRIBUCIÓN: Golfo de México, mar Caribe, Atlántico Noroeste

BABOSA ROJA [Nr]
Arion rufus
Clase Gastropoda
DISTRIBUCIÓN: Canadá, Estados Unidos, este y sur de Europa

NUDIBRANQUIO DE KUNI [Nr]
Chromodoris kuniei
Clase Gastropoda
DISTRIBUCIÓN: Pacífico Oeste

ABALON [Nr]
Haliotis iris
Clase Gastropoda
DISTRIBUCIÓN: Nueva Zelanda

LAPA [Nr]
Patella vulgata
Clase Gastropoda
DISTRIBUCIÓN: aguas europeas

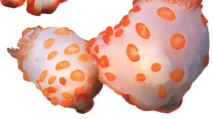

GYMNODORIS [Nr]
Gymnodoris rubropapulosa
Clase Gastropoda
DISTRIBUCIÓN: océano Indo-Pacífico

NAVAJA [Nr]
Ensis arcuatus
Clase Bivalvia
DISTRIBUCIÓN: norte de Europa, este de Canadá

MEJILLÓN [Nr]
Mytilus edulis
Clase Bivalvia
DISTRIBUCIÓN: aguas de Inglaterra, Francia, Rusia, Chile, Argentina, Atlántico Oeste

OTRAS ESPECIES

BERBERECHO COMÚN [Nr]
Cerastoderma edule
Clase Bivalvia
DISTRIBUCIÓN: aguas europeas, norte de África

CALAMAR DE ARRECIFE [Nr]
Sepioteuthis sepioidea
Clase Cephalopoda
DISTRIBUCIÓN: aguas de Centroamérica, Golfo de México, mar Caribe

CROMODORIS [Nr]
Chromodoris annulata
Clase Gastropoda
DISTRIBUCIÓN: océano Índico occidental, Mediterráneo, mar Rojo

FLABELINA [Nr]
Flabellina affinis
Clase Gastropoda
DISTRIBUCIÓN: aguas europeas, sobre todo Grecia, Portugal, España

MEJILLÓN VERDE [Nr]
Perna viridis
Clase Bivalvia
DISTRIBUCIÓN: aguas de Centroamérica

PULPO COMÚN [Nr]
Octopus vulgaris
Clase Cephalopoda
DISTRIBUCIÓN: casi todo el mundo

PULPO GIGANTE [Nr]
Enteroctopus dofleini
Clase Cephalopoda
DISTRIBUCIÓN: océano Pacífico Norte

SEPIA [Nr]
Sepia officinalis
Clase Cephalopoda
DISTRIBUCIÓN: aguas europeas, océano Índico occidental

VIEIRA [Nr]
Pecten maximus
Clase Bivalvia
DISTRIBUCIÓN: océano Atlántico este, Azores, Marruecos

PULPO COMÚN

Octopus vulgaris
Orden: Octopoda
Familia: Octopodidae

Una enorme cabeza, que hace a su vez de cuerpo, unida a ocho largos brazos flexibles es la fisionomía del animal más representativo de los cefalópodos: el pulpo. Un animal cosmopolita, habitante de las costas de los mares templados, poseedor de una gran inteligencia y memoria. De hecho, es el invertebrado con mayor desarrollo cerebral. Su vista es bastante aguda y similar a la de un vertebrado. Y tiene un desarrollado sentido del tacto. Es capaz de distinguir, aprender y memorizar. Ha demostrado tener una gran habilidad para resolver problemas y aprender de la experiencia, tal y como ha demostrado en las pruebas científicas a las que ha sido sometido.

TAMAÑO:
cabeza-manto: 25 cm; tentáculos: alrededor de 1 m. Pueden alcanzar los 3 m de longitud total.

DISTRIBUCIÓN:
aguas templadas del océano Atlántico y mar Mediterráneo.

LA PIEL
Su piel verrugosa con aspecto de roca es un perfecto camuflaje entre los arrecifes marinos.

LAS VENTOSAS
En sus largos tentáculos presenta dos filas de ventosas.

EL SIFÓN
Bajo el manto sobresale el sifón, cerca de los ojos, con el que succiona agua hacia las branquias o la expulsa haciendo de mecanismo propulsor.

LA BOCA
Entre los tentáculos, en la parte inferior del cuerpo, está ubicada la boca del pulpo.

BOLSA DE TINTA
La bolsa de tinta situada bajo el manto sirve para confundir a los enemigos que les persiguen.

ANATOMÍA

El pulpo común puede alcanzar 1 m de longitud en toda la extensión de sus tentáculos. Tiene un cuerpo globoso en el que se funde también la cabeza con dos ojos muy desarrollados. Posee tres corazones, un aparato digestivo, las branquias y las gónadas. Carecen de cualquier vestigio de concha, pero bajo el manto albergan una bolsa de tinta que les servirá para confundir a sus enemigos en su huida. La expulsan a través del sifón, una especie de tubo que sobresale bajo el manto, el cual tiene las funciones de llevar agua a las branquias y servir de propulsor en la huida.

De su cabeza parten cuatro pares de tentáculos con dos filas de enormes ventosas, con las que atrapa a sus presas. Su piel es verrugosa de color pardo o verdosa; por lo general adoptan el tono y forma del lugar donde se encuentra descansando. Gracias a los cromatóforos (unas células con pigmentos) puede variar de color como respuesta a un estado emocional (huida, defensa, ataque, cortejo). Su boca se sitúa en la parte inferior del cuerpo, entre los tentáculos, y está formada por unos resistentes picos córneos.

Los pulpos nadan y reptan ayudados por sus tentáculos, que en la parte basal están unidos por una membrana, lo que les permite ser arrastrados por las corrientes.

ALIMENTACIÓN

Le gusta cazar por la noche. Suele permanecer camuflado entre grietas o quieto imitando una roca hasta que se acerca una presa a la que ataca por sorpresa. Es carnívoro y atrapa a pequeños peces, crustáceos o bivalvos envolviéndolos con sus tentáculos y llevándolos hacia sus increíbles mandíbulas que tienen forma de pico. Actúan como una potente tenaza que llega a romper los duros caparazones y su rádula es estrecha con una lengua dentada formada por dientes de quitina con coronas afiladas que desmenuzan en la medida de lo posible el alimento, pero que

será digerido gracias a las enzimas secretadas en la glándula digestiva.

REPRODUCCIÓN

El pulpo es solitario y territorial. Vive refugiado entre las rocas o en cuevas hasta 200 m de profundidad. En época de celo pueden agruparse para localizar a las hembras. Una vez que detecta una, el macho se acerca a ella mostrándole sus intenciones con cambios de color en su piel. El macho posee un tentáculo modificado llamado hectocotilo con el que transfiere varios paquetes de esperma (espermatóforos) a la cloaca de la hembra. Una vez fertilizada, la hembra buscará una cueva o guarida que servirá de nido para sus huevos. Los coloca en racimos suspendidos del techo (varios miles) y los defiende y cuida procurando que estén bien oxigenados durante 25 o 65 días. Al eclosionar las pequeñas larvas suben a la superficie y forman parte del plancton hasta que adquieren un tamaño algo mayor y se desarrollan como adultos en el lecho marino.

LA TINTA
El pulpo se mueve nadando o reptando en el lecho marino. Cuando percibe alguna amenaza, el pulpo lanza un chorro de tinta para despistar a sus enemigos.

LOS CROMATÓFOROS
Gracias a los cromatóforos su piel puede cambiar de color para indicar sus intenciones.

EQUINODERMOS

Como si de un reflejo del cielo se tratara, las estrellas de mar salpican los fondos marinos añadiéndoles color y variedad. Pero son más los miembros que forman parte de este grupo que se protegen tanto con agudas púas como con estrategias químicas no menos punzantes frente a los ataques de sus enemigos.

DIVISIÓN

Filo:	Echinodermata
Clase:	Crinoidea, Asteroidea, Concentricycloidea, Echinoidea, Holothuroidea, Ophiuroidea
Orden:	36
Familia:	145
Especies:	unas 7.000

Estrella de mar (*Asterias rubens*).

Holoturias, erizos, ofiuras, estrellas y lirios de mar se encuentran distribuidos por todos los mares del mundo en tamaños que pueden ir desde apenas 5 mm hasta 1 m. Comprenden formas marinas, la mayoría cubiertas de espinas, como los erizos y las estrellas de mar, que poseen una simetría pentarradial, algo no muy común en el reino animal.

Una excepción podrían ser los pepinos de mar u holoturias, clase perteneciente a este filo, cuyo aspecto vermiforme (forma de gusano) hace pensar en una simetría bilateral, pero sus órganos y sistemas aparecen en orden de cinco en cinco.

ANATOMÍA

Poseen un cuerpo con cinco lados cuyo eje es la boca. Pueden tener forma de estrella más o menos globular, o también vermiforme, como en el caso de las holoturias. No tienen cabeza y poseen en su interior una estructura calcárea que les proporciona sostén. Erizos y estrellas poseen el cuerpo cubierto de espinas, no así crinoideos y holoturias y ofiuras. Casi todos poseen un sistema digestivo que comienza en la boca y termina en el orificio anal (salvo en ofiuras). Una boca que suele localizarse en la parte ventral en estrellas y erizos, o hacia delante en el caso de las holoturias y crinoideos.

También es característico de los equinodermos el aparato ambulacral, que consiste en un canal anular que rodea el esófago y cinco canales radiales que darán lugar a los pies ambulacrales: unos finos tentáculos que sobresalen entre el tegumento y las espinas y que tienen varias funciones, tanto respiratorias como alimenticias y locomotoras.

El aparato ambulacral suele estar lleno de agua de mar y material orgánico. Salvo los crinoideos, que son sésiles (permanecen fijos en un sitio aunque mueven sus brazos), los equinodermos pueden desplazarse con movimientos serpenteantes de todo el cuerpo (ofiuras, holoturias) lentamente mediante los pies ambulacrales y las espinas móviles (estrellas y erizos).

REPRODUCCIÓN

La reproducción es por lo general sexual, aunque la capacidad de regeneración de algunas estrellas de mar es tan grande que puede dar lugar a nuevos individuos a partir de un solo tentáculo y una porción del disco central.

Esta en realidad sería una forma de reproducción asexual. Pero por lo general lo hacen sexualmente mediante una fecundación externa: la hembra libera los huevos en el agua mientras el macho baña con su esperma la puesta. La larvas, de aspecto muy distinto al de los progenitores, se desarrollarán flotando libres en el agua.

ALIMENTACIÓN

Los equinodermos se alimentan de invertebrados, sobre todo moluscos bivalvos que localizan mediante el tacto y por el olfato pues son capaces de percibir las señales químicas que emiten las presas. Por su parte, las estrellas de mar suelen utilizar los pies ambulacrales para capturar presas y conseguir abrir las valvas de los mejillones y almejas que encuentran en su trayectoria.

La digestión se hace externamente: el animal expulsa parte de su estómago y las enzimas digieren el animal que luego succionará. Los erizos raen o raspan las algas o detritos de las superficies de rocas o caparazones de animales. Las holoturias filtran el sedimento que ingieren por la boca y expulsan por el ano atravesando todo su cuerpo.

GRUPOS DE EQUINODERMOS

FILO: Echinodermata
  SUBFILO: Pelmatozoa
    (equinodermos inmóviles)
    CLASE: Crinoidea (lirios de mar)

  SUBFILO: Eleutherozoa
    (equinodermos móviles)
    CLASE: Asteroidea (estrellas de mar)
    Concentricycloidea (margaritas de mar)
    Echinoidea (erizos de mar)
    Holothuroidea (pepinos de mar)
    Ophiuroidea (ofiura)

A pesar de tener un aspecto tan diferente, las estrellas (arriba y centro) y el erizo de mar (abajo) poseen un cuerpo con cinco lados.

ARTRÓPODOS

Los artrópodos son animales invertebrados con un esqueleto externo articulado y patas también articuladas. Toda una fuente de inspiración para el hombre cuando ideó resistentes armaduras para protegerse.

DIVISIÓN	
Filo:	Arthropoda
Subfilo:	Chelicerata
Especies:	70.000
Subfilo:	Crustacea
Especies:	67.000
Subfilo:	Myriapoda
Especies:	16.000
Subfilo:	Hexapoda
Especies:	más de 1 millón

Cangrejo rojo en las islas Galápagos.

Crustáceo camarón limpiador (*Lysmata amboinensis*). Abajo, ciervo volante (*Lucanus cervus*), de la clase Insecta.

Milpiés: los diplópodos carecen de aparato inoculador de veneno a diferencia de los quilópodos.

Con más de un millón de especies, es el grupo de animales con más éxito biológico en nuestro planeta y habitan tanto en el medio marino, el dulceacuícola como en el medio aéreo-terrestre, ya que son los únicos invertebrados capaces de volar, pero también tienen una mención honorífica

en la historia evolutiva, pues existen fósiles de artrópodos de más de 600 millones de años.

ANATOMÍA

Su exoesqueleto funciona simultáneamente como coraza y sostén de sus músculos y partes blandas. Poseen una simetría bilateral y un cuerpo dividido en segmentos o metámeros a lo largo de un eje longitudinal que pueden ser iguales o distintos, y diferenciarse a su vez en regiones del cuerpo que comprenden cabeza y tronco; cabeza, tórax y abdomen; o cefalotórax y abdomen.

Sus apéndices están articulados por lo general un par por metámero, aunque pueden ser inexistentes. Estos apéndices se van modificando para funciones específicas (locomoción, alimentación, reproducción).

Su esqueleto externo está formado por proteínas, concretamente quitina, y en otras especies tiene una composición mineral de carbonato cálcico. Esta cutícula es segregada por la epidermis; para que el individuo pueda crecer en su interior debe mudar el exoesqueleto y formar otro de mayores dimensiones. Por otra parte, su tubo digestivo comienza en un orificio bucal y termina en el ano formado por un intestino anterior medio y posterior. Tienen un sistema circulatorio abierto, con un corazón contráctil dorsal, arterias y senos sanguíneos. La respiración puede efectuarse a través de toda la superficie corporal, aunque también existen branquias en las especies acuáticas y tráqueas (tubos de aire) en las terrestres.

REPRODUCCIÓN

Normalmente poseen sexos separados, con órganos reproductores y conductos pares.

Realizan, por lo general, una fecundación interna, sobre todo los artrópodos terrestres. Los de hábitats acuáticos pueden distribuir al azar huevos y esperma en el agua. Pueden ser ovíparos u ovovivíparos. Los huevos también tienen una cutícula protectora, pero de una estructura singular que permite respirar a los embriones. Los huevos pueden fijarse a estructuras que les proporcione condiciones seguras o ser insertados en animales que servirán de alimento a las crías o larvas. Por lo general de los huevos saldrán larvas que deberán pasar por una metamorfosis para alcanzar el estado adulto. Algunas especies pueden reproducirse por partenogénesis, es decir hembras que darán a su vez a hembras a partir de células femeninas no fecundadas.

ALIMENTACIÓN

Comen todo tipo de materia, incluso algunos son detritívoros y se alimentan de la materia orgánica en descomposición. Otros tienen preferencias herbívoras o carnívoras, pero también pueden alimentarse de tejido o succionar los líquidos humorales de animales y plantas. La diversidad de aparatos bucales de los artrópodos es maravillosa pues tendrán estructuras específicas en función del tipo de alimentación que lleve a cabo el animal: mandíbulas para los masticadores, largas trompas o aguijones para los succionadores, estructuras filamentosas para los filtradores acuáticos… Incluso existen artrópodos que pueden fabricar su propio alimento, como sucede con las abejas.

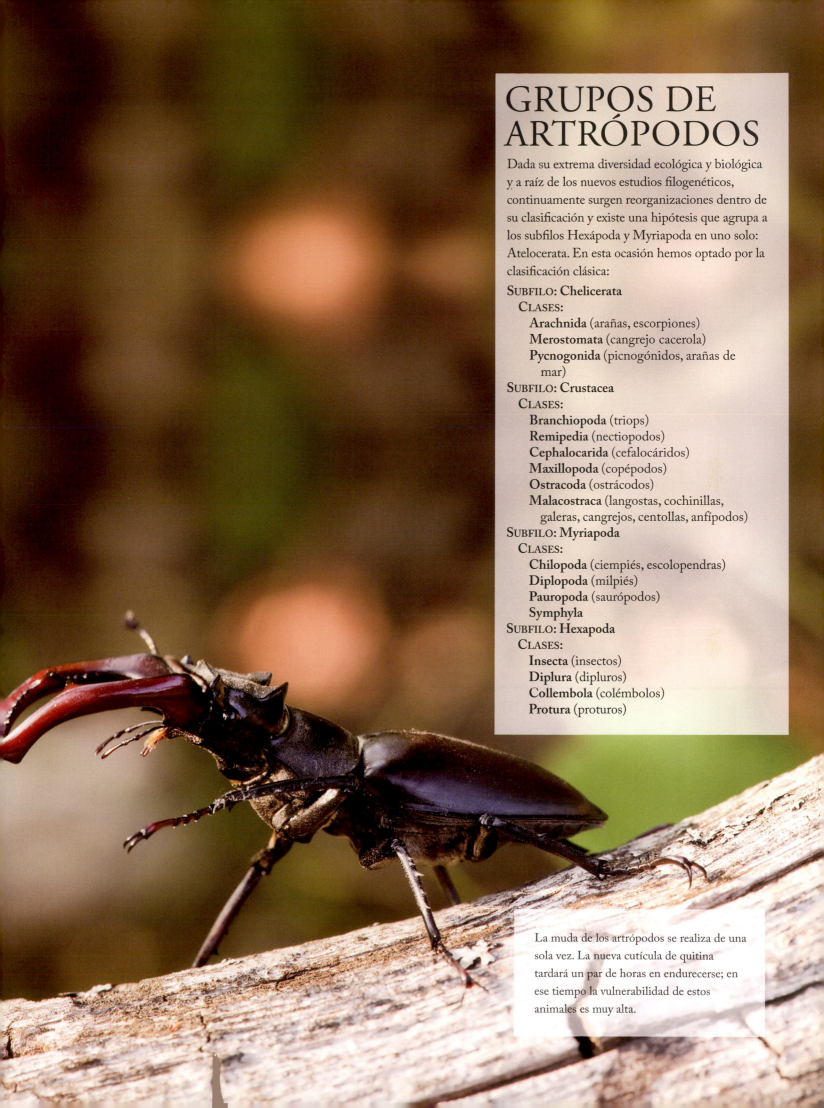

GRUPOS DE ARTRÓPODOS

Dada su extrema diversidad ecológica y biológica y a raíz de los nuevos estudios filogenéticos, continuamente surgen reorganizaciones dentro de su clasificación y existe una hipótesis que agrupa a los subfilos Hexápoda y Myriapoda en uno solo: Atelocerata. En esta ocasión hemos optado por la clasificación clásica:

SUBFILO: **Chelicerata**
  CLASES:
    Arachnida (arañas, escorpiones)
    Merostomata (cangrejo cacerola)
    Pycnogonida (picnogónidos, arañas de
      mar)
SUBFILO: **Crustacea**
  CLASES:
    Branchiopoda (triops)
    Remipedia (nectiopodos)
    Cephalocarida (cefalocáridos)
    Maxillopoda (copépodos)
    Ostracoda (ostrácodos)
    Malacostraca (langostas, cochinillas,
      galeras, cangrejos, centollas, anfípodos)
SUBFILO: **Myriapoda**
  CLASES:
    Chilopoda (ciempiés, escolopendras)
    Diplopoda (milpiés)
    Pauropoda (saurópodos)
    Symphyla
SUBFILO: **Hexapoda**
  CLASES:
    Insecta (insectos)
    Diplura (dipluros)
    Collembola (colémbolos)
    Protura (proturos)

La muda de los artrópodos se realiza de una sola vez. La nueva cutícula de quitina tardará un par de horas en endurecerse; en ese tiempo la vulnerabilidad de estos animales es muy alta.

INSECTOS

PUEDE QUE SEAN LOS ANIMALES QUE MÁS DETRACTORES TENGAN, PERO LA IMPORTANCIA DE LOS INSECTOS ES SOBRESALIENTE. LOS HUMANOS TENEMOS CON ELLOS UNA RELACIÓN DE AMOR-ODIO EN LA QUE DEBERÍAMOS SER CONSCIENTES DEL PAPEL ESENCIAL QUE ADQUIEREN PARA NUESTRA SUPERVIVENCIA.

DIVISIÓN	
Filo:	Arthropoda
Subfilo:	Hexapoda
Clase:	Insecta
Órdenes:	29
Familias:	459
Especies:	alrededor de 1 millón

Hormiga roja (*Formica rufa*).

Están dispersos por todo el globo, y habitan todos los ambientes terrestres e incluso en aguas continentales. El número de especies es superior al de todas las especies conocidas y todavía se siguen descubriendo nuevos insectos (incluso muchos se extinguen sin que los lleguemos a conocer). Insistimos en su papel determinante en nuestra supervivencia, ya que son los responsables mayoritarios de la polinización de las plantas con flores, muchas de las cuales son el pilar básico de la alimentación de la humanidad. Está claro que los insectos podrían sobrevivir sin humanos, pero ¿nosotros sin ellos?

ANATOMÍA

Los insectos se distinguen por poseer un cuerpo dividido en cabeza, tórax y abdomen. El tórax tiene los tres pares de patas y las alas en muchas de las especies, mientras que la cabeza posee las dos antenas. En ella también se hallan los ojos insertos lateralmente, inmóviles y que pueden ser de dos tipos, simples (ocelos) o compuestos, formados por una gran cantidad de unidades funcionales, los omatidios (cada uno de los cuales posee córnea) y un cono cristalino. Ellos hacen parecer los ojos facetados en

un número que puede ir de las 20 facetas a las 25.000 en algunos coleópteros.

El tegumento de los insectos puede presentar externamente pelos o excrecencias quitinosas con forma de espinas o cuernos que les hace tener formas extraordinarias y de gran belleza pues poseen una amplia gama de coloridos y dibujos. Tienen una respiración traqueolar: un sistema de tubos cuticulares

Huevos y ninfas de la chinche *Palomena prasina* que posee una metamorfosis incompleta, es decir, es heterometábola.

que se extienden hacia el interior, disminuyendo gradualmente su diámetro, desde unas aberturas o poros de la cutícula llamados espiráculos. De esta forma el oxígeno entra directamente hasta los tejidos. De la circulación de la sangre se encarga un vaso dorsal y una especie de ensanchamiento con pulsaciones que hace de corazón.

REPRODUCCIÓN

Casi todos los insectos tienen sexos separados, puede haber algunos casos de hermafroditismo y de reproducción partenogenética (abejas), y se produce una fecundación interna. Los distintos grupos de insectos dan lugar a diversos modos de oviposición. Los huevos pueden aparecer en los sitios más dispares, diseminados, agrupados, dentro de receptáculos (ootecas), o cubiertos de ceras o sustancias gelatinosas; también pueden ser transportados por la madre o ser depositados en celdillas donde gozarán de los cuidados parentales (abejas y avispas).

METAMORFOSIS

Una vez que eclosiona el huevo, la cría puede seguir varias vías hacia la madurez. En el tipo de desarrollo ametábolo sucede que la larva es exactamente igual al adulto y llegará a la madurez mediante sucesivas mudas del exoesqueleto. Otros insectos son heterometábolos, desarrollan una metamorfosis gradual, el estado juvenil; la ninfa es parecida al adulto, pero carece de alas y de órganos reproductores que se van desarrollando con cada muda. Finalmente los insectos holometábolos realizan una metamorfosis completa en la que la larva es totalmente distinta al adulto e irá pasando por distintos estadios; la larva mudará en varias ocasiones hasta pasar a la fase de pupa donde permanecerá inmóvil. Los cambios se producirán en el interior de la pupa y los tejidos larvales se transformarán en los de un adulto. De la pupa saldrá el imago, que resultará el adulto totalmente formado.

ALIMENTACIÓN

Cuenta con tres pares de apéndices bucales: las mandíbulas, un primer par de maxilas y un segundo par de maxilas. Las estructuras variarán y se adaptarán al tipo de nutrición del animal. Así podrán tener un aparato bucal masticador, lamedor, chupador o picador. Y es que los insectos pueden ser carnívoros y herbívoros, por lo que se alimentan tanto de materias vegetales de todo tipo como de animales, ya sean otros insectos, invertebrados o incluso de vertebrados, vivos o muertos. De ahí que por sus costumbres alimenticias destaquen los insectos xilófagos (madera), fitófagos (plantas), necrófagos (cadáveres), saprófagos (materia orgánica en descomposición).

GRUPOS (de insectos)

ÓRDENES:
- **Thysanura** (pececillos de plata)
- **Ephemeroptera** (efímeras)
- **Odonata** (libélulas)
- **Blattodea** (cucarachas)
- **Isoptera** (termitas)
- **Mantodea** (mantis)
- **Dermaptera** (tijeretas)
- **Plecoptera** (moscas de la piedra)
- **Orthoptera** (langostas y saltamontes)
- **Phasmatodea** (insectos palo)
- **Embioptera** (tejedores de red)
- **Zoraptera** (piojos terrestres)
- **Grylloblattodea** (grilloblata)
- **Mantophasmatodea**
- **Psocoptera** (piojos de los libros)
- **Thysanoptera** (trips)
- **Phthiraptera** (piojos)
- **Hemiptera** (chinches)
- **Raphidioptera** (mosca serpiente)
- **Megaloptera** (sialidos)
- **Neuroptera** (hormigas león)
- **Coleoptera** (escarabajos)
- **Strepsiptera** (strepsíteros)
- **Mecoptera** (moscas escorpión)
- **Siphonaptera** (pulgas)
- **Diptera** (moscas)
- **Trichoptera** (friganeas)
- **Lepidoptera** (mariposas y polillas)
- **Hymenoptera** (abejas, hormigas, etc.)

La mayoría de los insectos tiene un par de ojos compuestos relativamente grandes formados por un número determinado de unidades, llamadas omatidios.

ESCARABAJOS

Los coleópteros o escarabajos son el orden más amplio del reino animal. Sus más de 300.000 especies comprenden insectos de muy diverso tamaño (desde unos pocos milímetros a un par de decenas de centímetros) y formas (cuerpos alargados, redondos, cabeza con protuberancias…). Pese a tanta variedad, estos insectos que realizan una metamorfosis completa poseen características fácilmente identificables. Lo que más llama la atención de los escarabajos es que tienen el par de alas superior endurecido; son los élitros, bajo los cuales se esconden sus alas membranosas con las que consigue levantar el vuelo, no sin cierta dificultad en las especies más grandes, como el escarabajo rinoceronte o el ciervo volante; aunque no todos comparten esa habilidad. Existen escarabajos que tienen sus élitros fusionados y las alas atrofiadas, como le sucede al escarabajo aceitero (*Meloe majalis*).

ASERRADOR ARLEQUÍN
Acrocinus longimanus
Orden Coleoptera

ESCARABAJO DE LAS FLORES
Protaetia cuprea
Orden Coleoptera

TENEBRIÓNIDO
Erodius gibbus
Orden Coleoptera

ESCARABAJO RINOCERONTE
Eupatorus gracilicornis
Orden Coleoptera

ESCARABAJO DE DESPENSA
Dermestes lardarius
Orden Coleoptera

CERAMBÍCIDO ROSALÍA
Rosalia alpina
Orden Coleoptera

ESCARABAJO ERRANTE
Ocypus picipennis
Orden Coleoptera

ESCARABAJO EUROPEO DE BRAZOS LARGOS
Propomacrus bimucronatus
Orden Coleoptera

ESCARABAJO DE LAS ABEJAS
Trichodes alvearius
Orden Coleoptera

ESCARABAJO ARCOIRIS
Phanaeus vindex
Orden Coleoptera

ESCARABAJO DE LAS FLORES
Stephanorrhina julia
Orden Coleoptera

OTRAS ESPECIES

MARIQUITA
Coccinella magnifica
Orden Coleoptera

CIERVO VOLANTE
Lucanus cervus
Orden Coleoptera

CICINDELA CAMPESTRE
Cicindela campestris
Orden Coleoptera

CARÁBIDO VERDE
Carabus obsoletus
Orden Coleoptera

ESCARABAJO JOYA
Lamprodila rutilans
Orden Coleoptera

ESCARABAJO ESTERCOLERO
Copris lunaris
Orden Coleoptera

ESCARABAJO BATANERO
Polyphylla boryi
Orden Coleoptera

CARÁBIDO
Poecillus versicolor
Orden Coleoptera

ESCARABAJO AVISPA DE ROBLE
Plagionotus arcuatus
Orden Coleoptera

GORGOJO
Otiorhynchus cymophanus
Orden Coleoptera

ESCARABAJO DE LA CORTEZA
Rabocerus oveolatus
Orden Coleoptera

ESCARABAJO PELOTERO
Onthophagus coenobita
Orden Coleoptera

ESCARABAJO VIOLÍN
Mormolyce phyllodes
Orden Coleoptera

GORGOJO DEL CEREZO
Rhynchites auratus
Orden Coleoptera

ESCARABAJO JOYA JAPONÉS
Chrysochroa wallacei
Orden Coleoptera

ESCARABAJO GOLIAT
Goliathus orientalis
Orden Coleoptera

PASÁLIDO GRANDE
Aceraius grandis
Orden Coleoptera

ESCARABAJO DE CUATRO MANCHAS
Hister quadrimaculatus
Orden Coleoptera

ESCARABAJO DE LA PATATA
Leptinotarsa decemlineata
Orden Coleoptera

MOSCAS, ABEJAS Y AVISPAS

Moscas, mosquitos, abejas, avispas y hormigas son los insectos que nos resultan más familiares, pero no por ello más queridos. Pertenecen a órdenes distintos; los dos primeros son dípteros y el resto son himenópteros. Tal vez no resulten muy populares (salvo las abejas, cuya producción de miel explotamos) porque son asociadas con plagas y parásitos, pero todas estas especies realizan una función polinizadora encomiable, además de ser en sí mismas especies controladoras de plagas.

Los dípteros poseen un par de alas funcionales; las segundas se han atrofiado y reducido a unos órganos en forma de maza llamados balancines que facilitan su equilibrio. Los himenópteros poseen dos pares de alas membranosas y una característica anatómica que nos permite diferenciarlos de otros insectos: la llamada «cintura de avispa». Y es que el suborden Apocrita, al que pertenecen abejas, avispas y hormigas, sufre una transformación entre el primer y el segundo segmento abdominal que hace que la porción de abdomen funcional quede unida al resto del cuerpo por un estrechamiento flexible, la cintura.

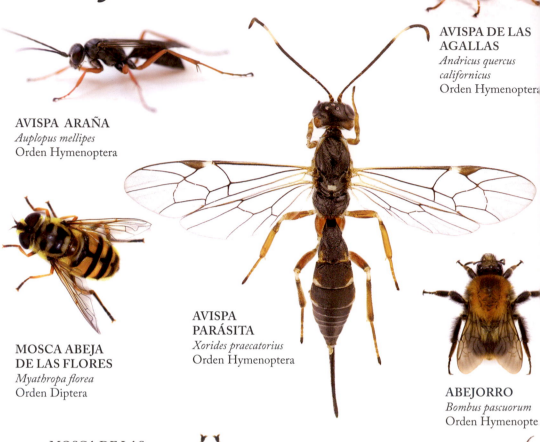

AVISPA DE LAS AGALLAS
Andricus quercus californicus
Orden Hymenoptera

AVISPA ARAÑA
Auplopus mellipes
Orden Hymenoptera

MOSCA ABEJA DE LAS FLORES
Myathropa florea
Orden Diptera

AVISPA PARÁSITA
Xorides praecatorius
Orden Hymenoptera

ABEJORRO
Bombus pascuorum
Orden Hymenoptera

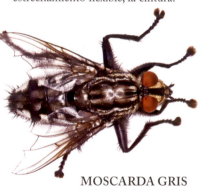

MOSCA DE LAS FLORES
Volucella bombylans
Orden Diptera

MOSCARDA GRIS DE LA CARNE
Sarcophaga carnaria
Orden Diptera

MOSQUITO ANÓFELES
Anopheles Anopheles sp.
Orden Diptera

MOSCA DEL ESTIÉRCOL
Calliphora vomitoria
Orden Diptera

MOSCA AVISPA DE LAS FLORES
Volucella zonaria
Orden Diptera

MOSCA EQUINA
Hippobosca sp.
Orden Diptera

MOSCA CERNÍCALO
Helophilus pendulus
Orden Diptera

AVISPÓN
Vespa crabro
Orden Hymenoptera

AVISPA DE CHAQUETA AMARILLA
Vespula squamosa
Orden Hymenoptera

AVISPA COMÚN
Vespula vulgaris
Orden Hymenoptera

AVISPA TALADRADORA DE LOS PINOS
Urocerus gigas
Orden Hymenoptera

AVISPA COLORADA
Polistes dorsalis
Orden Hymenoptera

ABEJORRO
Bombus terrestris
Orden Hymenoptera

OTRAS ESPECIES

AVISPA PARÁSITA ICNEUMÓNIDO
Messatoporus discoidalis
Orden Hymenoptera

AVISPÓN
Megascolia bidens
Orden Hymenoptera

HORMIGA CORTADORA DE HOJAS
Acromyrmex octospinosus
Orden Hymenoptera

HORMIGA DE LA MADERA
Camponotus herculeanus
Orden Hymenoptera

MOSCA CECHERA AMARILLA
Rhagio tringarius
Orden Diptera

TÁBANO
Tabanus bovinus
Orden Diptera

MOSQUITO COMÚN
Culex pipiens
Orden Diptera

TÁBANO DE BOSQUE
Chrysops relictus
Orden Diptera

ABEJA
Apis mellifera
Orden Hymenoptera

MOSCA CON EL ABDOMEN ROJO
Mintho rufiventris
Orden Diptera

HORMIGA NEGRA DE JARDÍN
Lasius niger
Orden Hymenoptera

HORMIGA ROJA
Formica rufa
Orden Hymenoptera

MARIPOSAS

De entre todos los insectos, los lepidópteros son los que suscitan mayor atención por la espectacularidad de las alas de la mayoría de las especies de este orden. Y es que las mariposas se diferencian de otros insectos en la conformación de sus alas y en la estructura de su aparato bucal. Las mariposas están dotadas de cuatro alas; el par delantero suele ser bastante mayor que el posterior. Las especies de mayor tamaño pueden alcanzar una envergadura alar de 32 cm. Las alas están recubiertas de unas escamas dispuestas de forma imbricada. Los pigmentos y la estructura especial de estas escamas producen la gran variedad de colores y dibujos llamativos y característicos de cada especie. Por otro lado, sólo las mariposas poseen un órgano bucal chupador llamado espiritrompa. Se trata de una larga lengua que guardan enrollada y con la que succionan el néctar y otras sustancias vegetales o minerales.

OTRAS ESPECIES

MARIPOSA RAJAH TAWNY
Charaxes bernardus
Orden Lepidoptera

MARIPOSA ULISES
Papilio ulysses
Orden Lepidoptera

MARIPOSA DE LA SEDA
Bombyx mori
Orden Lepidoptera

MARIPOSA MONARCA
Danaus plexippus
Orden Lepidoptera

LOS DATOS SOBRE SU ESTADO DE CONSERVACIÓN Y DISTRIBUCIÓN NO ESTÁN REGISTRADOS, DADO EL NÚMERO INGENTE DE ESPECIES.

GITANA
Arctia caja
Orden Lepidoptera

NINFÁLIDA
Idea lynceus
Orden Lepidoptera

MARIPOSA ATLAS
Attacus atlas
Orden Lepidopte

MARIPOSA ALAS DE PÁJARO DE BROOKE
Trogonoptera brookiana
Orden Lepidoptera

MARIPOSA DE CRISTAL
Acraea andromacha
Orden Lepidoptera

PAPILIO GIGANTE AZUL
Papilio zalmoxis
Orden Lepidoptera

POLILLA CREPUSCULAR DE MADAGASCAR
Chrysiridia rhipheus
Orden Lepidoptera

ESFINGE DE LA CALAVERA
Acherontia atropos
Orden Lepidoptera

MORMÓN ESCARLATA
Papilio rumanzovia
Orden Lepidoptera

PAPILIO TIGRE
Papilio glaucus
Orden Lepidoptera

POLILLA LUNA
Actias luna
Orden Lepidoptera

POLILLA MACROSCOMA
Niceteria macrocosma
Orden Lepidoptera

MORPHO AZUL
Morpho cisseis
Orden Lepidoptera

MARIPOSA HOJA DE ENCINA
Gastropacha quercifolia
Orden Lepidoptera

ULIA
Dryas iulia
Orden Lepidoptera

MARIPOSA ALAS DE PÁJARO
Ornithoptera urvillianus
Orden Lepidoptera

MARIPOSA GIGANTE AFRICANA
Papilio antimachus
Orden Lepidoptera

MARIPOSA ESPLÉNDIDA OCRE
Trapezites symmomus
Orden Lepidoptera

MARIPOSA PAVO REAL
Inachis io
Orden Lepidoptera

MARIPOSA APOLO
Parnassius apolo
Orden Lepidoptera

PROMETEA
Callosamia prometea
Orden Lepidoptera

MARIPOSA DE LA COL
Pieris brassicae
Orden Lepidoptera

ESFINGE DEL ALIGUSTRE
Sphinx ligustri
Orden Lepidoptera

MARIPOSA MONARCA

Danaus plexippus
Orden: Lepidoptera
Familia: Nymphalidae

Dentro de los animales migratorios, la mariposa monarca merece una mención especial, ya que su frágil cuerpo no es obstáculo para atreverse a recorrer hasta 1.900 km en unos pocos días, proezas que parecían exclusivas de los vertebrados. En sus vuelos erráticos pueden alcanzar velocidades de 75 km al día, y a veces de 103 km. La monarca es originaria de Norteamérica, aunque ha sido introducida en Australia y Nueva Zelanda y al parecer algunas han podido cruzar el Atlántico y llegar a las islas atlánticas Azores, Madeira y Canarias realizando migraciones a la península Ibérica e islas Británicas.

DISTRIBUCIÓN:
California, México, Islas Atlánticas, introducida en Australia y Nueva Zelanda

TAMAÑO:
longitud: 9 a 10 cm.
Peso: menos de 1 g.

LA ORIENTACIÓN O LAS ANTENAS
Su sentido de orientación reside en las antenas con las que calcula los cambios de la luz del sol.

LAS ALAS
El llamativo color naranja brillante avisa a los posibles depredadores sobre su toxicidad.

LA PUESTA
En su hábitat natural las hembras de monarca pueden poner entre 300 y 400 huevos que eclosionan a los cuatro días.

ESPERANZA DE VIDA
De dos a cinco semanas para los adultos que no migran. Los que sí lo hacen alcanzan varios meses de vida.

ANATOMÍA

Posee una cabeza, tórax y abdomen bien diferenciados. La cabeza tiene una estructura bucal en donde las maxilas se han transformado hasta constituir una trompa succionadora de doble tubo llamada espiritrompa y con un par de palpos articulados a ambos lados de la trompa. Sus dos ojos compuestos están en posición lateral y posee un par de antenas largas, en el extremo de la cabeza, terminadas en una pequeña maza.
El tórax está constituido por tres segmentos con un par de patas articuladas en cada uno; en los dos posteriores se insertan los dos pares de alas. Las alas de estas mariposas están cubiertas de escamas de un color naranja intenso con nerviaciones negras y salpicadas de motas blancas en los bordes posteriores. Los adultos son de vuelo lento y con colores de aviso, y sus cuerpos son en realidad duros. Se diferencia del resto de las mariposas en que son muy resistentes y pueden llegar a vivir hasta nueve meses.

REPRODUCCIÓN

Los machos producen feromonas con las que atraer a las hembras y copular con ellas. Tras el apareamiento, que tiene lugar entre febrero y marzo, el macho muere. Las hembras ponen los huevos del orden de 400, pero uno en cada envés de las hojas jóvenes y tiernas de la planta llamada algodoncillo (*Asclepia sp.*). A los 3-12 días nacerá una larva formada por bandas amarillas blancas y negras de tonos brillantes, signo inequívoco de que son tóxicas. Y es que la larva se nutre exclusivamente del algodoncillo planta perteneciente al género de las asclepias, que son ricas en un látex por lo general tóxico para otros animales, pero que otorgan a la propia larva esa defensa química ante posibles depredadores. La larva crece a gran velocidad, muda hasta cinco veces en varias semanas antes de convertirse en pupa. A las dos semanas emergerá como una nueva mariposa adulta. El ciclo completo de huevo a adulto viene a completarse en unos 30 días. Larvas e insectos adultos emiten un olor desagradable.

MIGRACIÓN

La mariposa monarca presenta un fenómeno migratorio único, donde millares de ellas provenientes de la frontera entre Canadá y Estados Unidos viajan a los bosques de pino y oyamel (*Abies sp.*) en México. Al llegar el otoño en Norteamérica, las mariposas monarca emergen como adultos y durante los meses de septiembre y octubre, cuando empiezan a bajar las temperaturas, aprovechan las corrientes de aire para planear en dirección al sur. En 25 días pueden recorrer unos 4.000 km y llegar a tiempo para pasar el invierno en inmensas congregaciones en los bosques de pinos de México donde las monarcas se alimentarán libando el néctar de todo tipo de flores. Al llegar la primavera, inician el viaje de vuelta. Sin embargo, su migración no corresponde a un mismo individuo, ya que su vida como adulto suele durar de dos a seis semanas.

Lo que en realidad sucede es que durante el verano las monarcas viven durante dos o cinco semanas poniendo los huevos de la siguiente generación. Cuando finaliza el verano, la última generación de monarcas en salir será la que emprenda la migración

LA ORUGA de mariposa monarca en el momento en que está alimentándose de algodoncillo.

LA CRISÁLIDA de la mariposa monarca primero pasa por la fase de oruga.

al sur. Allí pasarán el invierno y entrarán en un periodo de diapausa, es decir, no reproductivo. Al llegar febrero y marzo, las mariposas «invernantes» se convierten en reproductivas. Entonces inician su viaje de vuelta realizando nuevas puestas en las plantas de algodoncillo que encuentran en su camino de vuelta, de modo que serán otras generaciones distintas las que vuelvan al lugar de origen estival.

LA METAMORFOSIS de la mariposa monarca saliendo de la crisálida como adulta.

MANTIS, SALTAMONTES E INSECTOS PALO

Saltamontes, grillos y langostas son miembros del orden Orthoptera. Sus cuerpos son alargados y destacan sus patas posteriores modificadas para el salto que les facilita la huida rápida ante un depredador. Algunos de estos ortópteros han desarrollado una gran capacidad críptica, es decir, se camuflan a la perfección en su entorno, por lo que sus cuerpos se parecen a hojas, troncos, ramas o líquenes. En cuanto al camuflaje se refiere, los Phasmatodeos se llevan el primer premio: a las especies de este orden se las conoce comúnmente con el nombre de insectos hoja e insectos palo y eso es exactamente lo que parecen, ramas y hojas nuevas, enfermas, muertas con espinas... Por otro lado, los mántidos también dominan el arte del disfraz, pero por otros motivos. Son ávidos cazadores que poseen unas piezas bucales masticadoras y unas patas anteriores diseñadas para atrapar con eficacia. Así que las formas y los colores de sus cuerpos tienen como objetivo ser invisibles a sus víctimas.

SALTAMONTES DE MATORRAL
Leptophyes punctatissima
Orden Orthoptera

LANGOSTA DEL DESIERTO
Schistocerca agregaria
Orden Orthoptera

SALTAMONTES VERDE COMÚN
Tettigonia viridissima
Orden Orthoptera

GRILLO DE INVERNADERO
Diestrammena asynamora
Orden Orthoptera

MANTIS FLOR ESPINOSA
Pseudocreobotra wahlbergii
Orden Mantodea

DIABLO ESPINOSO DE NUEVA GUINEA
Eurycantha calcarata
Orden Phasmatodea

LANGOSTA GIGANTE
Tropidacris collaris
Orden Orthoptera

DIABLILLO DE LAS FLORES
Blepharopsis mendica
Orden Mantodea

GRILLO DE JERUSALÉN
Stenopelmatus fuscus
Orden Orthoptera

GRILLO TOPO
Grillotalpa grillotalpa
Orden Orthoptera

GRILLO DE CAMPO
Gryllus campestris
Orden Orthoptera

LOS DATOS SOBRE SU ESTADO DE CONSERVACIÓN Y DISTRIBUCIÓN NO ESTÁN REGISTRADOS, DADO EL NÚMERO INGENTE DE ESPECIES.

INSECTOS HOJA
Phyllium sp.
Orden Phasmatodea

MANTIS EMPUSA
Empusa fasciata
Orden Mantodea

MANTIS HOJA MUERTA
Deroplatys desiccata
Orden Mantodea

MANTIS FANTASMA
Phyllocrania paradoxa
Orden Mantodea

INSECTO HOJA ESPINOSO
Extatosoma tiaratum
Orden Phasmatodea

MANTIS ORQUÍDEA
Hymenopus coronatus
Orden Mantodea

MANTIS RELIGIOSA
Mantis religiosa
Orden Mantodea

INSECTO PALO
Necroscia annulipes
Orden Phasmatodea

MANTIS VIOLÍN
Gongylus gongylodes
Orden Mantodea

INSECTO PALO DE LA INDIA
Carausius morosus
Orden Phasmatodea

INSECTO PALO DE VIETNAM
Medauroidea extradentata
Orden Phasmatodea

INSECTO PALO DEL PERÚ
Oreophoetes peruana
Orden Phasmatodea

INSECTO PALO DE FILIPINAS
Pharnacia ponderosa
Orden Phasmatodea

LIBÉLULAS, CHINCHES Y OTROS INSECTOS

Los neurópteros están provistos de dos pares de alas membranosas profundamente nervadas. Por lo general, son predadores tanto en el estadio larvario como adulto y sus presas favoritas son los insectos fitófagos, por lo que insectos como crisopas y hormigas león suelen ser bienvenidos en los campos de cultivo. Carnívoras también son las especies de mecópteros como las moscas escorpión, o los Odonatos, orden que comprende a las libélulas y los caballitos del diablo cuyas larvas son extraordinariamente agresivas. Las chinches, como vulgarmente se denomina a las especies del orden Hemiptera, tienen un aspecto externo que difiere notablemente de unas especies a otras. Pero lo que poseen todos los hemípteros es un aparato bucal en forma de estilete que le permite morder y succionar líquidos vegetales o animales. Muchas de estas especies forman plagas que son el descalabro de la economía agrícola.

CABALLITO DEL DIABLO
Coenagrion hastulatum
Orden Odonata

CORIDÁLIDA
Corydalus cornuta
Orden Megaloptera

ASCALÁFALO
Libelloides lacteus
Orden Neuroptera

CRISOPA
Chrysoperla carnea
Orden Neuroptera

MOSCA DE MAYO
Ephemera danica
Orden Ephemeroptera

CHINCHE DE AGUA GIGANTE
Lethocerus sp.
Orden Hemiptera

HORMIGA LEÓN
Palpares geniculatus
Orden Neuroptera

MOSCA DE LA PIEDRA
Isoperla sp.
Orden Plecoptera

MOSCA SERPIENTE
Agulla sp.
Orden Raphidioptera

ZAPATERO
Gerris sp.
Orden Hemiptera

CABALLITO PATIBLANCO
Lestes parvidens
Orden Odonata

CANDELARIA
Pyrops candelarius
Orden Hemiptera

CHINCHE ROJA
Pyrrhocoris apterus
Orden Hemiptera

CHINCHE DEL AVELLANO
Gonocerus acuteangulatus
Orden Hemiptera

CHINCHE ASESINO
Platymeris biguttatus
Orden Hemiptera

OTRAS ESPECIES

CHINCHE TORITO
Stictocephala Bisonia
Orden Hemiptera

CUCARACHA DE MADAGASCAR
Gromphadorhina portentosa
Orden Blattodea

CUCARACHA DUBIA
Blaptica dubia
Orden Blattodea

LIBÉLULA CECILIA
Ophiogomphus cecilia
Orden Odonata

LIBÉLULA FLECHA
Sympetrum fonscolombei
Orden Odonata

MOSCA ESCORPIÓN
Panorpa communis
Orden Mecoptera

PECECILLO DE PLATA
Lepisma saccharina
Orden Thysanura

PIOJO
Pediculus humanus capitis
Orden Phthiraptera

PULGA
Pulex irritans
Orden Siphonaptera

TERMITA
Hodotermes sp.
Orden Isoptera

CIGARRA
Lyristes plebejus
Orden Hemiptera

TIJERETA
Forficula auricularia
Orden Dermaptera

CHINCHE DE LAS CRUCÍFEROS
Eurydema ventralis
Orden Hemiptera

LIBÉLULA AZUL
Calopteryx splendens
Orden Odonata

ESCORPIÓN DE AGUA
Nepa cinerea
Orden Hemiptera

CRUSTÁCEOS

LOS CRUSTÁCEOS SON EL GRUPO DE ARTRÓPODOS DOMINADORES DEL MEDIO ACUÁTICO, AUNQUE TAMBIÉN TIENEN REPRESENTANTES TERRESTRES. DAN DE COMER AL ANIMAL MÁS GRANDE DE LA TIERRA Y EL HOMBRE TAMBIÉN SABE SACAR PROVECHO DE ESTOS ANIMALES TAN BIEN ACORAZADOS.

DIVISIÓN	
Filo:	Arthropoda
Subfilo:	Crustacea
Clases:	6
Especies:	más de 67.000

Los ojos pedunculados del cangrejo fantasma (*Ocypode ryderi*) pueden obtener una visión de 360°, por eso se escabullen rápidamente cuando perciben el más mínimo movimiento extraño.

Son artrópodos, por tanto su cuerpo y patas están articulados, protegidos por un duro exoesqueleto. Los crustáceos son sobre todo animales marinos; se encuentran en todos los mares y océanos, pero algunos también en agua dulce y una especie, la cochinilla terrestre (Isopoda), en tierra. Comprende seis clases distintas de crustáceos, pero los más conocidos, por ser el subgrupo más numeroso y diversificado, y, sobre todo, por su aprovechamiento económico, son los pertenecientes a la clase Malacostraca: cangrejos, langostas, galeras, krill, gambas, camarones... El krill, que alcanza como mucho los 5 cm, es la base alimenticia del animal más grande, la ballena azul, y en la actualidad también se plantea la comercialización de este crustáceo para el consumo humano. Esperemos no entrar en competición con el mayor mamífero que ha habitado este planeta.

ANATOMÍA

El exoesqueleto quitinoso está reforzado por sales calcáreas y deben mudarlo varias veces en su vida para poder crecer. De las tres zonas corporales típicas de los artrópodos, podemos encontrar especies con la cabeza y tórax soldadas en una sola unidad llamada cefalotórax. Tanto el tórax como el abdomen están segmentados y este último termina en una cola llamada telson. Sus apéndices no tienen una única función de locomoción. Por lo general sus tres primeros pares de patas se han transformado en apéndices bucales accesorios (los maxilípedos) que participan en el agarre y toma de alimentos, gracias a las pinzas que han desarrollado. Los apéndices torácicos llamados pereiópodos ofrecen protección a las branquias, y las patas abdominales, los pleópodos, se han especializado como elementos natatorios. Tienen un par de ojos compuestos, a veces pedunculados y son los únicos artrópodos que poseen dos pares de antenas.

REPRODUCCIÓN

Normalmente tienen sexos separados, salvo la subclase Cirripedia, y pueden llevar a cabo tanto una fecundación interna como externa. Por lo general el macho sujeta a la hembra y le pasa el esperma mediante unos pleópodos modificados como espermatóforos. La hembra suele llevar los huevos fecundados bajo su abdomen, entre

El último segmento de la cola se denomina telson, que junto con los urópodos forma el abanico caudal y presenta diferencias según las especies. En la imagen, abanico caudal de *Homarus gammarus*, a la izquierda, y de *Homarus americanus*, a la derecha.

sus pleópodos. Cuando los huevos eclosionan suelen dan lugar a una fase larvaria común a todos los crustáceos llamada nauplio. Esta sólo tiene tres pares de apéndices: los dos pares de antenas y las mandíbulas con función natatoria. Las larvas de nauplio pasan a otras fases larvarias cuya forma y tamaño dependerán de la especie a que pertenezcan.

ALIMENTACIÓN

La mayoría de los crustáceos son animales filtradores, ya que sus apéndices anteriores pueden desarrollar estructuras parecidas a pelos que funcionan como cedazos, y usar

otros apéndices para crear corrientes de agua o mover el sedimento y atraer las partículas de alimento hacia su boca. Sin embargo, especies de mayor tamaño suelen ser carroñeras y carnívoras, atrapan o golpean a sus presas, que pueden ser otros crustáceos, equinodermos, gusanos y moluscos, con sus grandes pinzas. Y como dato curioso está el caso del exótico gusto del cangrejo de los cocoteros (*Birgus latro*) que puede abrir los cocos con sus enormes

El camarón camello *Rhynchocinetes durbanensis* se alimenta de pólipos y restos orgánicos y suele vivir en grandes grupos, incluso compartiendo espacio con otras especies de camarones.

pinzas para alimentarse de su contenido. Los grupos de crustáceos engloban seis clases de las cuales la más numerosa y diversa es la de los malacostráceos. Las otras cinco corresponden a crustáceos por lo general de pequeño tamaño, pero de gran importancia en la cadena trófica de las especies superiores.

GRUPOS (de crustáceos)

SUBFILO: Crustacea
CLASES:
   Branchiopoda (triops)
   Remipedia (nectiopodos)
   Cephalocarida (cefalocáridos)
   Maxillopoda (copépodos, percebes)
   Ostracoda (ostrácodos)
   Malacostraca (langostas, cochinillas, galeras, cangrejos, centollas, anfípodos, cangrejos de río)

CRUSTÁCEOS

Krill, gambas, camarones, cangrejos y langostas son los crustáceos que nos resultan más conocidos debido a su gran valor comercial como especies de pesca, pero sobre todo son muy importantes como base de la cadena alimentaria marina. Peces, mamíferos, aves e incluso otros invertebrados encuentran en este grupo de artrópodos buena parte de su sustento. Estos decápodos de la clase Malacostraca se caracterizan por poseer un caparazón bien desarrollado y ojos pedunculados. Su tres primeros pares de apéndices torácicos están adaptados como piezas bucales; el resto los utilizan para deambular nadando, en el caso del krill, las gambas y los camarones, o bien reptando por el lecho marino, como hacen cangrejos y langostas. Algunas especies también suelen albergar la puesta entre sus apéndices, donde los huevos están más protegidos hasta su eclosión. Todos estos crustáceos son acuáticos, aunque existe un caso de cangrejo adaptado a la vida terrestre: el cangrejo de los cocoteros, si bien debe volver al mar para reproducirse.

CANGREJO TURCO [Pm]
Astacus leptodactylus
Clase Malacostraca
DISTRIBUCIÓN: Europa

CAMARÓN ESCARLATA [Nr]
Lysmata debelius
Clase Malacostraca
DISTRIBUCIÓN: Polinesia francesa

COCHINILLA [Pm]
Porcellio scaber
Clase Malacostraca
DISTRIBUCIÓN: Europa, Norteamérica, Sudáfrica, Australia

CANGREJO ROJO REAL [A]
Paralithodes camtschaticus
Clase Malacostraca
DISTRIBUCIÓN: norte del océano Pacífico

CANGREJO DE RÍO AMERICANO [Pm]
Procambarus clarkii
Clase Malacostraca
DISTRIBUCIÓN: sur de Estados Unidos, España, Italia, Francia, islas del Mediterráneo, Gran Bretaña, Alemania

CANGREJO ERMITAÑO [Nr]
Coenobita perlatus
Clase Malacostraca
DISTRIBUCIÓN: océano Índico

CANGREJO AZUL [Nr]
Callinectes sapidus
Clase Malacostraca
DISTRIBUCIÓN: costa este americana, desde cabo Cod hasta Uruguay

CANGREJO DE CRIN DE CABALLO [Nr]
Erimacrus isenbeckii
Clase Malacostraca
DISTRIBUCIÓN: mar de Okhotsk, océano Pacífico

LANGOSTA AMERICANA [Nr]
Homarus americanus
Clase Malacostraca
DISTRIBUCIÓN: costa atlántica de Norteamérica

PERCEBES [Nr]
Pollicipes pollicipes
Clase Maxillopoda
DISTRIBUCIÓN: aguas europeas atlánticas y mediterráneas

CANGREJO VIOLINISTA Nr
Uca pugnax
Clase Malacostraca
DISTRIBUCIÓN: costa
atlántica de Estados
Unidos

NÉCORA Nr
Necora puber
Clase Malacostraca
DISTRIBUCIÓN: costas de
Europa y Marruecos

CANGREJO DUNGENESS Nr
Metacarcinus magister
Clase Malacostraca
DISTRIBUCIÓN: Estados Unidos
(California, Alaska, Washington)

CAMARÓN MANTIS Nr
Oratosquilla oratoria
Clase Malacostraca
DISTRIBUCIÓN: océano
Pacífico Oeste, sobre
todo en Japón

CIGALA Nr
Nephrops norvegicus
Clase Malacostraca
DISTRIBUCIÓN:
Egeo, Adriático,
Mediterráneo,
Atlántico

LANGOSTINO JUMBO Nr
Penaeus monodon
Clase Malacostraca
DISTRIBUCIÓN: por todo
el mundo

CANGREJO TERRESTRE ARCOIRIS Nr
Cardisoma armatum
Clase Malacostraca
DISTRIBUCIÓN: oeste
de África

SADURIA ENTOMON Nr
Saduria entomon
Clase Malacostraca
DISTRIBUCIÓN: aguas
europeas, sobre todo en
el Báltico

LANGOSTINO BLANCO Nr
Penaeus vannamei
Clase Malacostraca
DISTRIBUCIÓN:
Océano Pacífico

CANGREJO DE ROCA ROJO Nr
Grapsus grapsus
Clase Malacostraca
DISTRIBUCIÓN: de
Florida (Estados
Unidos) hasta Brasil, de
México hasta Perú, islas
Galápagos

BELLOTA DE MAR Nr
Balanus sp.
Clase Maxillopoda
DISTRIBUCIÓN: todos los
mares y océanos

LANGOSTA DEL CARIBE Nr
Panulirus argus
Clase Malacostraca
DISTRIBUCIÓN: océano
Atlántico Oeste

CANGREJO DE PINZA ROJA Nr
Perisesarma bidens
Clase Malacostraca
DISTRIBUCIÓN: océanos
Índico y Pacífico

ARÁCNIDOS

AL GRUPO DE LOS ARÁCNIDOS PERTENECE UNO DE LOS ARTRÓPODOS MÁS CONOCIDOS, LAS ARAÑAS. SON FÁCILMENTE RECONOCIBLES POR SUS CUATRO PARES DE PATAS Y CUERPO DE CINTURA ESTRECHA. COMPARTEN CARACTERÍSTICAS CON OTROS ARÁCNIDOS NO TAN FAMOSOS COMO ESCORPIONES, OPILIONES, GARRAPATAS Y ÁCAROS, PERO ESTÁN MÁS PRÓXIMOS A NOSOTROS DE LO QUE CREEMOS.

DIVISIÓN	
Filo:	Arthropoda
Subfilo:	Chelicerata
Clase:	Arachnida
Órdenes:	11
Especies:	alrededor de 90.000

La tarántulas (familia Lycosidae) son un ejemplo de cuidados maternales. Las hembras transportan en su espalda a las crías hasta que se produce la primera muda.

Las arañas saltadoras (familia Salticidae) cazan al acecho. El salto de este ejemplar escondido entre los estambres de una flor ha sido certero y ha dado caza a una mosca.

Los escorpiones se caracterizan por tener un par de apéndices transformados en pinzas, los pedipalpos, y una cola que suelen levantar hacia delante rematada con un venenoso aguijón.

Los arácnidos son un grupo numeroso ampliamente distribuido por todo el mundo. Los encontramos en todo tipo de hábitats, bosques, montañas, selvas, desiertos, cuevas, ciudades… y, aunque son principalmente terrestres, también hay representantes acuáticos como algunos ácaros y una araña buceadora (*Argyroneta aquatica*) que ha aprendido a vivir perfectamente bajo el agua. No son animales muy apreciados pues su aspecto es agresivo y comprenden especies poseedoras de veneno, como los escorpiones y algunas arañas. También cuentan con especies parásitas como las garrapatas y algunos ácaros, y entre estos últimos suelen estar los responsables de algunas de nuestras alergias. Pero los arácnidos no son tan terribles ya que sólo unas pocas especies de escorpiones y arañas pueden resultar peligrosas para el ser humano. Pero la mayoría de los arácnidos nos hacen un gran favor controlando las poblaciones de insectos, reciclando la materia degradada o en descomposición (ácaros) e incluso evitando que se acumulen las células muertas de nuestra piel (el ácaro *Demodex folliculorum*).

ANATOMÍA

Se les identifican con insectos, pero poseen muchas características que los diferencian: los insectos tiene seis patas y los arácnidos, ocho. Carecen de antenas, mandíbulas y alas. Pero poseen quelíceros, que son el primer par de apéndices de la parte frontal del cuerpo transformados en órganos implicados en su alimentación. El segundo par, los pedipalpos, tienen una función sensorial. Los cuatro pares siguientes son las patas. Su cuerpo tiene dos partes o regiones, el prosoma (equivalente al cefalotórax) y el opistosoma (abdomen), unidas por una estrecha cintura, el pedicelo. Según las especies, estas dos regiones, o tagmas, pueden estar bien diferenciadas como en arañas y amblipígidos, o presentarse unidas en toda su anchura como en escorpiones, pseudoescorpiones, garrapatas y ácaros. En el caso de los escorpiones el abdomen se va estrechando y termina en una glándula venenosa. Aparte de la función alimentaria de los quelíceros, también sirven para excavar, defenderse, transferir esperma a las hembras o inocular veneno. Los pedipalpos también adquieren funciones similares según las especies, y en el caso de escorpiones pseudoescorpiones terminan en una gran pinza. En el abdomen se encuentran la glándula digestiva, los órganos reproductores, las tráqueas y los

pulmones de libro por los que respiran y las glándulas productoras de seda, típicas de las arañas.

REPRODUCCIÓN

Los arácnidos suelen presentar dimorfismo sexual. La mayoría son ovíparos, aunque hay casos de ovoviviparismo. La fecundación puede ser externa o interna. Los opiliones y algunos ácaros presentan una especie de pene para transferir el esperma directamente a la hembra. Los machos de las arañas utilizan los pedipalpos para pasar paquetes de esperma, espermatóforos, al orificio genital de la hembra. Muchos arácnidos cuidan de los huevos y de las crías que, en prácticamente todo el grupo, salvo en ácaros que tiene estados larvarios, son iguales morfológicamente a los adultos.

ALIMENTACIÓN

Los arácnidos sólo se alimentan de comida líquida; algunos ácaros sí ingieren materia sólida como hongos o restos de materia orgánica. Pueden atrapar presas grandes, desde artrópodos a pequeños vertebrados, a los cuales inoculan enzimas digestivas mediante sus quelíceros. Las presas son digeridas externamente y el arácnido sólo tendrá que chupar el líquido resultante del proceso.

GRUPOS (de arácnidos)

ÓRDENES:
  Acarina (ácaros, garrapatas)
  Amblypygi (tendarapos, amblipígidos)
  Araneae (arañas)
  Opiliones (opiliones o segadores)
  Palpigradi (palpígrados)
  Pseudoscorpionida (pseudoescorpión)
  Ricinulei (ricinúlidos)
  Schizomida (esquizómidos)
  Scorpiones (escorpiones, alacranes)
  Solifugae (solífugos, arañas camello)
  Uropygi (vinagrillas)

ARAÑAS, ESCORPIONES Y AFINES

Las arañas y ácaros son los grupos de arácnidos más numerosos: poseen cada uno más de 40.000 especies. El primero corresponde al orden Araneae y sus ejemplares, carnívoros, tienen muy diversos tamaños: desde 0,37 mm (el macho de *Patu digua*), hasta los 28 cm de la tarántula gigante de Sudamérica (*Theraphosa leblondi*). Los ácaros, del orden Acari, no alcanzan tales dimensiones, como máximo los 2 cm las garrapatas. Sin embargo, estos arácnidos deberían ser más temidos que las arañas porque mientras estas últimas actúan como eficaces reguladores de las poblaciones de insectos, entre los ácaros hay verdaderos vampiros que parasitan a todo tipo de animales o que se especializan en un grupo, como las garrapatas que prefieren a los vertebrados, pero también pueden ser vectores de enfermedades. El resto de los arácnidos, como escorpiones, vinagrillas, opiliones o tendarapos son voraces carnívoros no tan numerosos ni tan peligrosos porque o bien no tienen un veneno poderoso como posee el amenazador escorpión, o bien, como sucede en este caso, sólo pican como último recurso.

ARAÑA DE SEDA DORADA DE MADAGASCAR
Nephila inaurata madagascariensis
Orden Araneae

ARAÑA DEL HUERTO [Nr]
Leucauge venusta
Orden Araneae
DISTRIBUCIÓN: del sur de Canadá hasta Panamá

LOS DATOS SOBRE SU ESTADO DE CONSERVACIÓN Y DISTRIBUCIÓN NO ESTÁN REGISTRADOS, DADO EL NÚMERO INGENTE DE ESPECIES.

PSEUDOESCORPIÓN
Orden Pseudoscorpionida

ARAÑA CANGREJO PEQUEÑA
Diaea dorsata
Orden Araneae

ESCORPIÓN EMPERADOR [Pm]
Pandinus imperator
Orden Scorpiones
DISTRIBUCIÓN: oeste de África

TARÁNTULA BABUINA NARANJA [Nr]
Pterinochilus Marinus
Orden Araneae
DISTRIBUCIÓN: África

ARAÑA MOTEADA SALTADORA
Eresus cinnaberinus
Orden Araneae
DISTRIBUCIÓN: centro y sur de Europa

ARAÑA DE JARDÍN EUROPEA [Nr]
Araneus Diadematus
Orden Araneae
DISTRIBUCIÓN: Canadá, norte de Estados Unidos

ARAÑA TIGRE [Nr]
Argiope bruennichi
Orden Araneae
DISTRIBUCIÓN: norte y centro de Europa, norte de África, Asia

ARAÑA CANGREJO [Rb]
Misumena vatia
Orden Araneae
DISTRIBUCIÓN: Norteamérica, Europa

ARAÑA DOMÉSTICA Nr
Tegenaria atrica
Orden Araneae
DISTRIBUCIÓN: centro
y norte de Europa

ARAÑA SALTADORA
Arasia sp.
Orden Araneae

OPILIÓN Nr
Phalangium opilio
Orden Opiliones
DISTRIBUCIÓN: Asia, Europa,
Norteamérica, norte de
África, Nueva Zelanda

ESCORPIÓN COMÚN Nr
Buthus Occitanus
Orden Scorpiones
DISTRIBUCIÓN: norte de África,
Oriente Medio, Europa

TARÁNTULA DE ANILLOS ROJOS A
Brachypelma smithi
Orden Araneae
DISTRIBUCIÓN: México

VIUDA NEGRA Nr
Latrodectus mactans
Orden Araneae
DISTRIBUCIÓN: Estados
Unidos

VINAGRILLO Nr
Mastigoproctus giganteus
Orden Uropygi
DISTRIBUCIÓN: sur de
Estados Unidos,
México

ARAÑA DE LOS PRADOS
Micrommata virescens
Orden Araneae

PEQUEÑA ARAÑA DE CASA NEGRA
Badumna longinqua
Orden Araneae

GARRAPATA
Ixodes sp.
Orden Ixodida

TENDARAPO Nr
Dammon diadema
Orden Amblypygi
DISTRIBUCIÓN: África
central, Kenia, Tanzania

ARAÑA COMÚN TRAMPILLA DE BROWN
Arbanitis gracilis
Orden Araneae

ARAÑA HUNTSMAN
Holconia immanis
Orden Araneae

ANIMALES DOMÉSTICOS

HACE 15.000 AÑOS EL HOMBRE EMPEZÓ A CREAR UNOS VÍNCULOS ESPECIALES CON LOS ANIMALES. ALGUNOS DE ELLOS PASARON DE SER OBJETO DE SUS CACERÍAS A SER FUENTE DE ALIMENTO, CALOR, PROTECCIÓN Y COMPAÑÍA PERMANENTE.

De todas las especies de animales que habitan en el planeta, no llegan a 40 las que han sido domesticadas por el hombre. Y una gran parte de ellas contribuye en un 40% a la producción alimentaria mundial. Y es que la domesticación de las especies, tanto animales como vegetales, marcó un hito en la historia del hombre que trajo consigo cambios en su comportamiento social. La domesticación dio lugar al sedentarismo y este a la formación de poblaciones, ciudades y sociedades. Pero al parecer, la domesticación fue fruto de la casualidad y quizá en algunos casos fue inducida por el propio animal. Puede que algunos individuos más tolerantes a la presencia humana se acercaran a ellos a alimentarse de sus desechos y entonces el hombre viera una oportunidad en su mansedumbre para capturarlos y criarlos. El primero de estos animales con el que el hombre se inició en el arte de la domesticación fue el perro, luego le siguieron cerdos, cabras, ovejas, gallos, llamas, caballos, búfalos de agua, dromedarios, burros, pavos…

DOMESTICACIÓN O DOMA

Conviene saber la diferencia entre domesticación y doma, pues muchos animales que creemos domesticados porque conviven con el hombre no han perdido su identidad salvaje. La domesticación surge de un proceso por el cual el animal presenta cierta tolerancia, mansedumbre o costumbre de vivir con el hombre; las generaciones siguientes heredan esas cualidades por mediación de la cría selectiva que logra potenciar ciertos rasgos morfológicos, fisiológicos y conductuales. En la doma, un animal salvaje puede ser amansado y tolerar la presencia humana e incluso convivir con el hombre, pero esa docilidad no es transferida genéticamente;

las siguientes generaciones seguirán siendo salvajes. Esto es lo que ocurre con las especies exóticas que se comercializan como mascotas.

EL PERRO

El perro (*Canis lupus familiaris*) es una subespecie del lobo y fue domesticado hace unos 15.000 años en Asia. Posiblemente hubo un acercamiento espontáneo del lobo a las partidas de caza realizadas por el hombre, quien se percató de las ventajas de la asociación. El lobo aprendió a convivir con el hombre y este fue criando y eligiendo los individuos más aptos para sus fines: protección, defensa, vigilancia, sumisión. Mediante esta selección artificial de miles de años, hoy hemos llegado a disfrutar de más de un centenar de razas de perros.

GATO

Su domesticación data de hace unos 10.000 años en Oriente Próximo, y se cree que su ancestro es el gato salvaje africano (*Felis silvestres lybica*), del cual deriva nuestro actual gato doméstico (*Felis silvestres catus*). Es probable que los gatos silvestres se acercaran a los asentamientos humanos en busca de los abundantes roedores que frecuentaban los silos y zonas de cultivo de estos poblados. Y el hombre tolerara e incluso fomentara su aparición ante el mutuo beneficio prestado.

VACA

Se cree que nuestras vacas, toros y bueyes (*Bos taurus*) son descendientes del Uro salvaje (*Bos primigenius*) y de otras especies del género Bos. La domesticación debió iniciarse hace 9.000 años en Oriente Medio. La cría de estos bovinos progresó notablemente entre asirios, persas y babilonios que conocían las normas

Los huevos de las gallinas son una fuente de proteínas básica para los seres humanos.

El hombre no sólo ha domesticado especies, sino que también ha creado razas para su provecho.

En la domesticación de la vaca conseguimos abastecimiento continuo de leche.

Los bueyes son utilizados para el tiro y la carga más pesada.

El border collie es una raza excepcional para el pastoreo de ovejas.

relativas al engorde, castración y selección de estos animales. En la actualidad contamos con numerosas razas especializadas en la producción de leche, de carne o para los trabajos de carga.

GALLINAS

Nuestros gallos y gallinas domésticos (*Gallus gallus domesticus*) partieron del gallo bankiva (*Gallus gallus bankiva*), especie que persiste silvestre en nuestros días y que habita en Sumatra, Java y Bali. Sus primeros intentos de cría datan de hace 6.000 años, aunque existen referencias a la introducción de las gallinas en Europa a través de pueblos indoeuropeos hace 4.000 años. La gallina es el ave más abundante del planeta y cuenta con más de 100 razas procedentes de la selección del hombre.

Hasta el más casero de los felinos no olvida su instinto cazador.

A base de miles de años de selección y educación, hemos logrado tener en los perros fieles guardianes de nuestro hogar.

DOMESTICADOS

Sin la domesticación de animales, probablemente el hombre no habría llegado a formar sociedades complejas. Cerdos, vacas, ovejas, gallinas han sido cruciales para conseguir un abastecimiento regular de comida y, por tanto, lograr construir asentamientos permanentes. Otros animales como caballos, burros, bueyes, camellos y dromedarios resolvieron el problema del transporte de cargas, algo impensable para la fuerza limitada del hombre, además de permitir el acceso del mismo a otros emplazamientos. Pero no sólo de vertebrados vive el hombre; también ha sabido sacar provecho de otros animales, como los invertebrados. Dos ejemplos: los capullos de la mariposa de la seda (*Bomyx mori*) que dieron lugar a toda una gran ruta comercial, y la miel producida por las abejas (*Apis mellifera*), que sigue siendo un alimento básico de nuestra alimentación. Con todo esto, es evidente que los animales son una pieza fundamental en la evolución y desarrollo de la humanidad.

Pavo

Ovejas

Cabra

Conejo de granja

Pato

Burro

Canario

Cerdo enano de Göttingen

Vaca frixia

Oca

Gallo

PERROS Y GATOS

Perros y gatos son capaces de convivir en estrecha relación con el ser humano, el cual ha seleccionado a lo largo de miles de años a individuos de la misma especie pero con características distintas para que sirvieran a sus diversos fines. Dicha selección genética ha dado origen a varios centenares de razas de perros (unas 350 reconocidas por la Federación Cinológica Internacional, FCI) y unas 70 de gatos. El gran número de razas de perros es debido a que este animal ha sido empleado y adiestrado para realizar multitud de funciones complementarias para el hombre. Así encontramos perros pastores, rastreadores, cazadores especializados en presas grandes o pequeñas, perros de guarda, de presa, de compañía… Por el contrario, los gatos no han tenido más que dos cometidos: mantener a raya la población de roedores (el más valorado) y la mera compañía.

Husky siberiano

Cocker Spaniel

Yorkshire Terrier

Pastor alemán

Beagle

Persa

Siamés

Sphynx

Boxer

Bosque de Noruega

Bengalí

Ragdoll

ÍNDICE